チベット高原の不思議な自然

村上哲生
＋
南 基泰

築地書館

はじめに

七〇〇〇メートルを超える山々が並ぶヒマラヤ山脈は、雪と氷の世界だ（**図1**）。世界中の淡水、つまり塩気を含まない水の七〇％は、氷山、万年雪、氷河などの氷雪の形で存在している。多くの人が住む地域から離れた高山の氷雪は、直接の水資源としては使えない。しかし、氷雪はしだいに融けて水となり、高山から人口が密な低地へ向けて流れ出す。ヒマラヤ山脈の北に位置するチベット高原は、揚子江、メコン川、ブラマプトラ川、ガンジス川などのアジアの大河川の源となっている。水を研究する者ならば、一度は見ておきたい地域だ。

チベット高原は、大量の潜在的な水資源を擁する地域であるとともに、この高山地域の特殊な環境が川や湖の生物へ及ぼす影響も、水の世界の研究者に魅力的な課題を提供する。強い紫外線、栄養分が少ない澄んだ湖水、時間とともに水位や水質が著しく変化する氷河を源とする河川など、日本ではまず見られない水環境と、そこに棲む生物の営みの観察には心が惹かれる。

植物についても興味深い地域だ。険しい地形と長く続いた鎖国政策により、植物の研究者やプラント・ハンターと呼ばれる採集者がこの地に入りこむのはたやすいことではなかった。分布地図の空白を埋める作業は、多くの植物群について未だ完全に終わったわけではない。

乾いて冷たい土地の植物の生活も興味深いものだ。温かい息を吹きかけるだけのわずかな温度変化

図1　ネパール上空からのヒマラヤ山脈

を感じて花を開く植物、厳しい屋外の環境から暖かい室内に持ちこんだら途端に茎の節が伸びていく植物などを目の当たりにするのは楽しい体験だった。

旅行者が少ないにもかかわらず、魅力的なチベットの探検記は結構多い。二〇世紀の始まりのころ、仏典の調査のために単身チベットに潜入した河口慧海《えかい》（**図2**）、チベット高原の動植物を紹介したN・M・プルジェワルスキーやF・キングドン－ウォード、また映画化された『チベットの七年』を著したH・ハーラーなどじつに多彩だ。

中でも、慧海の旅行記は、私たちの世代では、国語の教科書にその一部が採用されていたこともあり、なじみ深いものだった。今でもよく読まれているらしく、近年、探検記の基礎資料ともなる慧海の日記も刊行されてい

図2　カトマンズ（ネパール）にある河口慧海の碑
彼はこの地からチベットに旅立った。

る。

これらの先達の旅の苦労にくらべて、現在のチベット旅行はずいぶん楽になった。

徒歩や馬の背にゆられての旅ではなく、車で移動できる。行くたびに道は広くなり、舗装道路が延びている。田舎町でも、清潔なベッドと湯の出るシャワーを備えた宿を探すとは困難ではない。

湖畔での幕営《ばくえい》も、以前よりも防寒、防水性が増したテントや寝袋のおかげではるかに快適に過ごせる。

食事も、慧海のころのように水と麦粉だけの貧しいものではないし、キングドン－ウォードのように多量の食糧を運ぶ必要もない。旅程の各町で多様なおいしい料理が楽しめる。首府・ラサ（拉薩）ではハンバーガーさえも食べることができる。

一年中生活するには厳しい気候かもしれな

いが、わずかな期間の滞在者の苦になるものではない。

現代のチベット旅行は、命をかける緊張感とは無縁だ。国内のちょっと離れた不便な土地に調査に行くのとそう変わらない。だから、旅行の苦労話をするのはやめよう。


話したいのは、科学の目で見たチベットの水と緑だ。

慧海が伝える澄んだ湖のプランクトンの量はどれほどのものか？

ハーラーが渡渉に苦労した川の水位は一日でいったいどのくらい上がったのか？

彼らが凍えた氷河河川の水温は何度くらいなのか？

重い観測機材を携行できる現代の私たちの旅行で、初めて知ることができた話題を紹介したい。自然の美しさを言葉で愛《め》でたり、それを守るための主張を展開するのではなく、川や湖の観測で得られた数値と図と、それらの意味を理解するための背景となる水と緑の知識をただ語るだけだ。慣れないうちは、煩雑な数字の羅列にしか思えないかもしれないが、美しい言葉よりも雄弁に川や湖の現状を語り、将来の自然保存や保全の在り方を示す指針ともなると感じてもらえれば幸いだ。


私たちのチベット調査の始まりは、今から一〇年以上も昔に遡る。以来、数次にわたる調査には、いくつもの大学から多くの分野の研究者が参加した。私たち二人の著者（村上哲生・南基泰：中部大学応用生物学部環境生物科学科）は、それぞれ、川や湖などの水環境と陸上の植物とを担当してきた。専門分野は異なるけれども、自然の見方には似たものがある。二人が知りたいのは、特定の植物や魚の生活だけではなく、人も含めたさまざまな生物と非生物的な環境からなる地域の特性そのものだ。そのためには、現場を見て、その場所で考えることが必要なのだ。

大まかに言えば、チベットとはヒマラヤ山脈の北側に広がるチベット高原一帯を指す。かつてはラサを首都とした独立国だったが、現在は中華人民共和国の一部となり、主要部はチベット自治区と呼ばれるようになった。私たちが調査に入ったのは、このチベット自治区だ。自治区にはチベット仏教（ラマ教）を信仰するチベット人が二五〇万人ほど暮らしているが、近年は、中国人（漢族）の移住が増え、中国青海省・シリン（西寧）からラサへ鉄道が通るなど、自然と社会の環境が変化しつつある。チベットの併合と漢化についての評価は、時代や立場によりさまざまな意見がある。

この本は、二人の生物研究者がチベットで見てきた自然環境とこれからの変貌の予想について、多くの人たちにその現実を知ってほしくて書いたものだ。水環境の部分は村上、植物の部分は南が担当した。お互いに原稿を読み合い、意見を交換したが、その採否は著者の判断に委ねることとした。同じ旅程で、同じものを見てきたはずだが、ずいぶん感じ方は異なるものだ。

記録を残すのは、公の費用で貴重な体験をさせてもらった研究者の義務だろうけれども、辛いことばかりではない。調査で体験したことを思い出しながら文章化していくことは、もう一度旅を繰り返すような楽しさもある。調査は現地から帰ってからが大事だ。持ち帰った試料を研究室で分析し、関連の資料を読みこむことにより、現地での体験の意味がより明確になってくる。人がめったに行かない場所に行ったことに価値があるのではなく、そこで何を観測し、何を考えたかが重要だと思う。

ところで、チベットの旅行記を書く場合、地名の表記は結構大変な問題だ。そもそも中国政府は、詳しい地形図を公開していない。市販の地図には小さな川や池の名前は載っていないし、同行する中国側の隊員に、地元の人に尋ねてもらっても、たいていわからない。地図に載っている地名表記も、チベット名を漢字に意訳したり、音を漢字で表したりしてあるので、地図により異なる。唯一公開され、頼りにしている旧ソビエト連邦製の地形図はロシア語表記ときている。地元での呼び方を知りたくて、中国側の隊員にアルファベットにしてもらったこともあるが、しばらく考えこんだうえで母音の上に発音を示すさまざまな補助記号をつけて教えてくれた。字面と実際の発音はずいぶん違う。カタカナに直す時に悩んだ。

また、川や湖、峠には、それぞれ語尾に地形を区別する「ポ」「ツォ」「ラ」がつく。日本語化する時、これを入れるかどうかも判断が分かれるところだ。プマユム・ツォ湖と書けば、「湖」が二重になる。一方、日本でも比較的知られているヤルンツァンポ川をツァン川と書くと、どこか違った川のようで気持ちが悪い。この本では、不統一かもしれないが、原則として、最も一般的な日本語ガイド・ブックに倣うことにした。

生物名の表記も悩むところだ。ラテン語の属名と種小名を組み合わせた学名を使えば、紛れはないが、このような表記に慣れていないと、どんな生物か想像することは難しいだろう。カタカナの和名を使えば、日本にいる似た生物の姿から、ある程度類推できるかもしれない。そこで、本文での記述は、熊や稲など一般的に知られていて漢字表記が普通な動植物以外はカタカナ表記にした。しかし、地理的に大きく離れた地域では、同属の生物はいても、同種の生物が分布していることは稀だ。カタカナ表記の和名をもつ種類と同種ではないこともある。また、水棲昆虫の「カワゲラ」と書けば、カワゲラ科（Perlidae）に属する種類なのか、より上位の分類群、つまりその中にいくつかの科を含むカワゲラ目（積翅目《せきしもく》：Plecoptera）を指すのかがわかりにくくなる。生物の名称については、巻末に学名と和名を対照させた生物名索引をつけたので、詳しく知りたければ、そちらで確認してほしい。

この調査旅行は、調査の企画段階から出版まで、多くの人たちに支えられてきた。専門的な助言もありがたかったし、現場での肉体的、精神的な助力にも感謝したい。また、財政的な支援も多くの機関から受けることができた。チベットの自然について語りだす前に、すべての関係者に深くお礼を申し上げたい。

村上哲生
南　基泰

目次

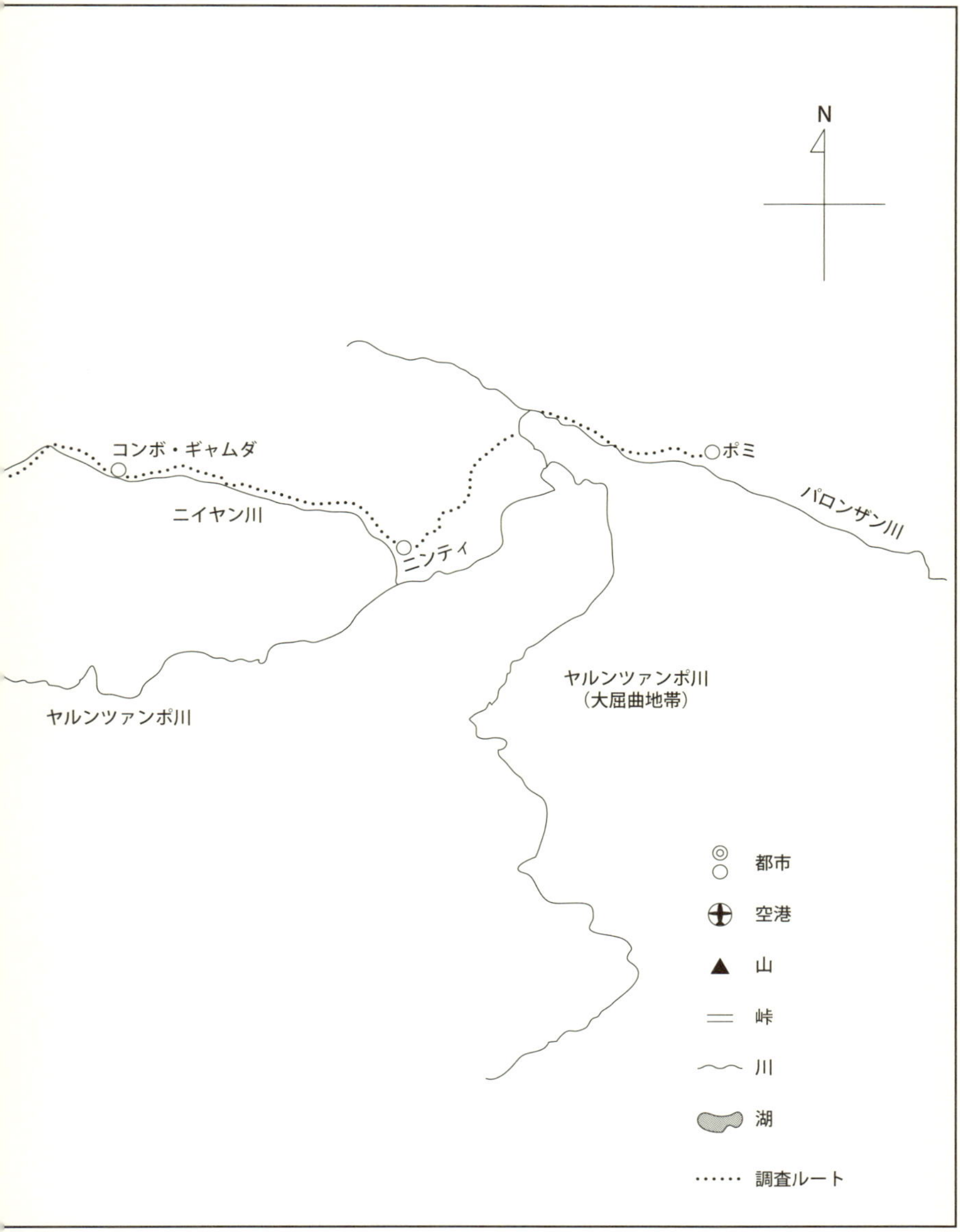
N
コンボ・ギャムダ
ニイヤン川
ニンティ
ポミ
パロンザン川
ヤルンツァンポ川
(大屈曲地帯)
ヤルンツァンポ川
都市
空港
山
峠
川
湖
調査ルート

地図 1

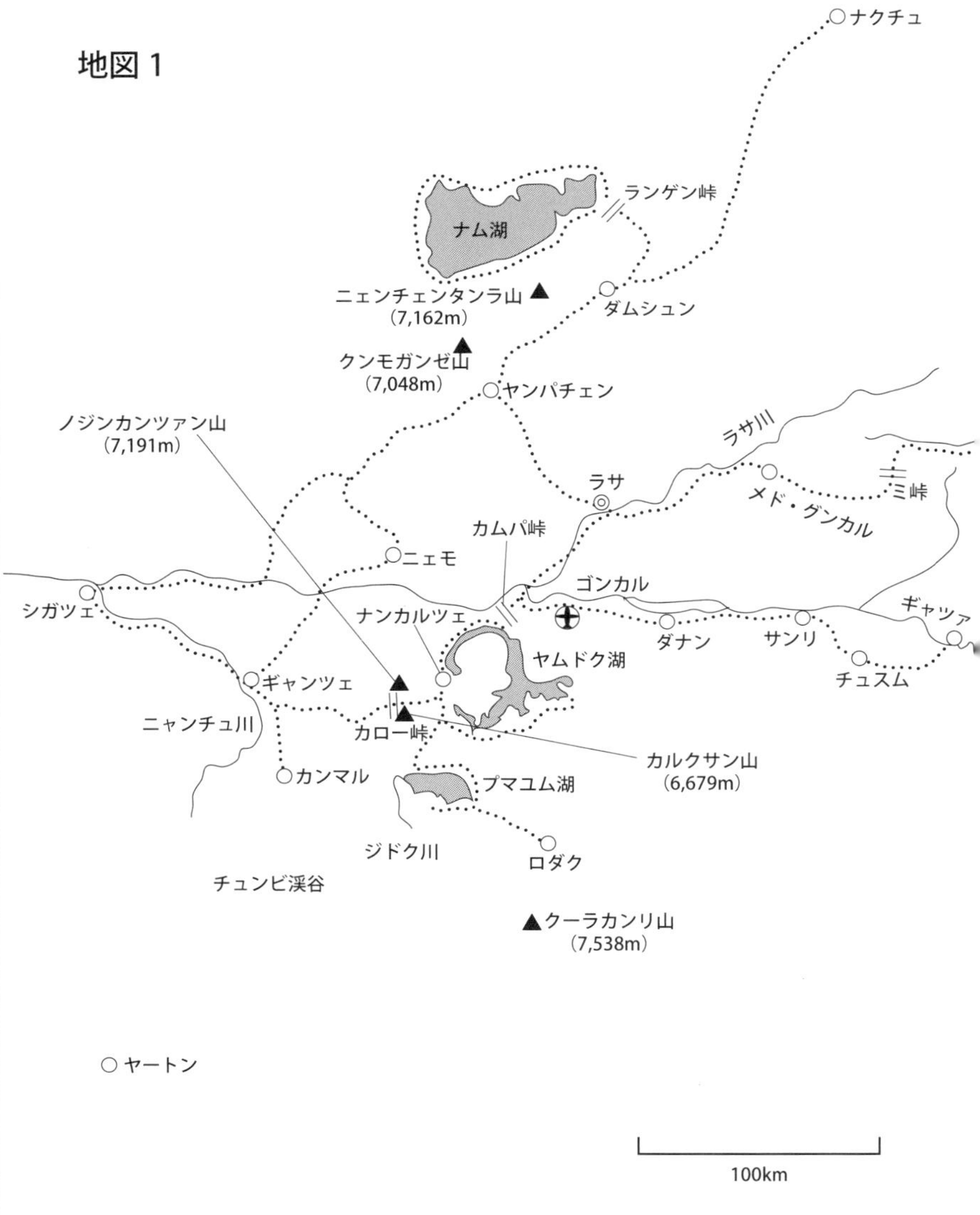

ナクチュ
ランゲン峠
ナム湖
ニェンチェンタンラ山
(7,162m)
ダムシュン
クンモガンゼ山
(7,048m)
ヤンパチェン
ノジンカンツァン山
(7,191m)
ラサ川
ラサ
メド・グンカル
ミ峠
カムパ峠
ニェモ
ゴンカル
シガツェ
ナンカルツェ
ダナン
サンリ
ギャツァ
ヤムドク湖
チュスム
ギャンツェ
ニャンチュ川
カロー峠
カルクサン山
(6,679m)
カンマル
プマユム湖
ジドク川
ロダク
チュンビ渓谷
クーラカンリ山
(7,538m)
ヤートン
100km

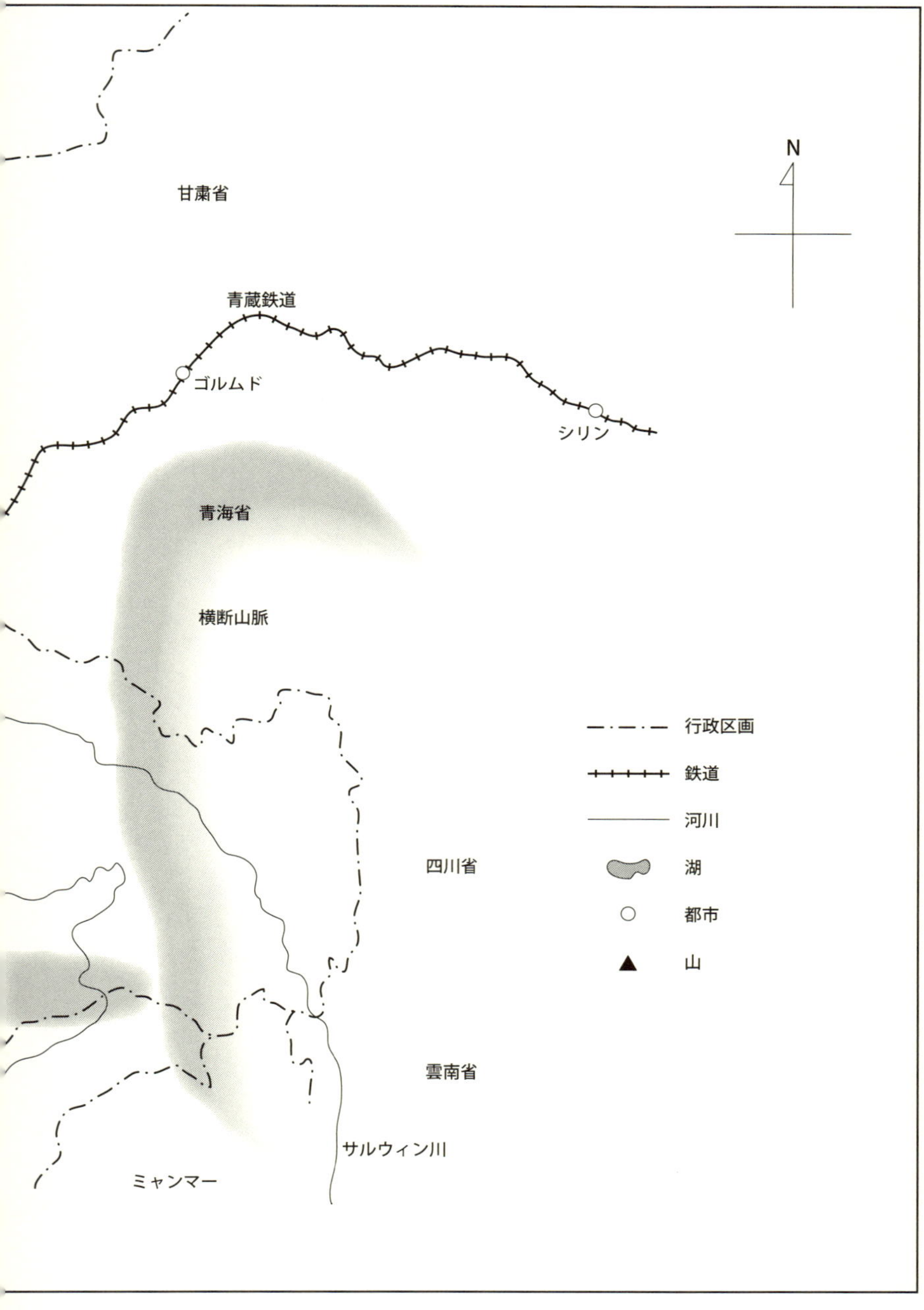

N
甘粛省
青蔵鉄道
ゴルムド
シリン
青海省
横断山脈
四川省
雲南省
サルウィン川
ミャンマー
行政区画
鉄道
河川
湖
都市
山

地図 2

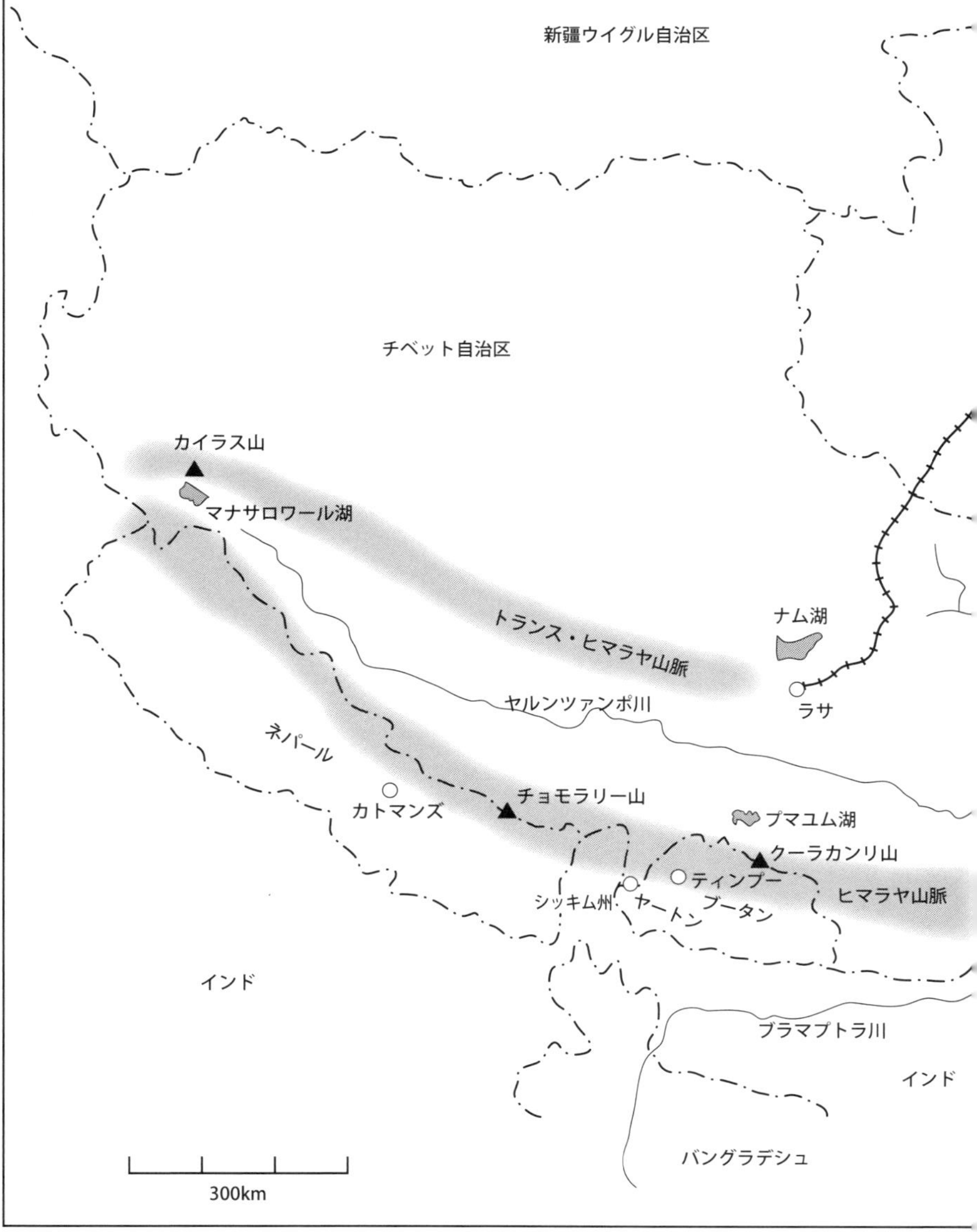
新疆ウイグル自治区
チベット自治区
カイラス山
マナサロワール湖
トランス・ヒマラヤ山脈
ナム湖
ラサ
ヤルンツァンポ川
ネパール
カトマンズ
チョモラリー山
プマユム湖
クーラカンリ山
ティンプー
シッキム州
ヤートン
ブータン
ヒマラヤ山脈
インド
ブラマプトラ川
インド
バングラデシュ
300km

第一章　高山湖を探る――チベットの湖……村上哲生

チベットの湖

チベットの澄んだ湖の美しさは、河口慧海《えかい》などの探検記でもしばしば語られている。中でも、ヤムドク湖（羊卓雍錯）は、南のインド方面からチベットの首都・ラサ（拉薩）へ向かう道筋にそっているため、昔から記録に残されることが多かった。

ラサからヤルンツァンポ川（雅魯蔵布江）、つまりブラマプトラ川の上流部を越え、カムパ峠（崗巴拉）を登ると、ヤムドク湖を見下ろすことができる（**図1−1**）。湖の岸辺の浅い部分は、薄い空色だが、沖は青味が濃い色になる。菜の花の季節だと、その黄色に湖水の青色が映える。湖に荘厳な美しさを感じるのは、我々のような旅行者だけではなく、地元の人たちもまったく同じで、霊峰カイラス山麓のマナサロワール湖（チベット名：マパムユム湖〈瑪旁雍錯〉）など、一五〇〇年以上前に成立したと考えられているインドの叙事詩、マハーバーラタの時代から信仰の対象にもなっている湖もある。

図1-1　カムパ峠から見下ろしたヤムドク湖

湖の色と生物

湖の性質、例えば、水質や、生息している水棲生物の種類の組成は、湖の見た目、つまり水が青く澄んでいるか、黄緑色に濁っているかにより、ある程度判断できる。湖が透明なのは、濁りの原因となるプランクトンなどの生物が少ないためだ。普通、プランクトンが少なければ、それを食う虫も魚も少ない。これは、湖を研究する際の重要な原則で、それを利用して、プランクトンの量から食物連鎖の頂点に立つネス湖の怪物・ネッシーの生息頭数を推定した研究もある。

では、青く澄んだチベットの湖は、生き物の姿の稀なさびしい環境なのだろうか。どうもそうではなく、結構にぎやかな世界のようだ。湖畔では、ユスリカと呼ばれるカの仲間が羽化し、飛びまわっている。時には、蚊柱が立つほど大量に集まる。この虫は幼虫時代を水中で過ごし、もっぱら水の中で生産された有機物を餌とする。また、ヤムドク湖では、魚を食べさせる店も営業している。漁獲が乏しい湖では無理なことだろう。一九世紀にチベットを探検したロシアの軍人・プルジェワルスキーも、川や湖に魚が多く、カモメなどの鳥や熊がそれを飽食している様子を書き残している。

チベットの湖の謎

湖の動物は、直接、または食物連鎖を介して間接的に、生きた植物プランクトンやその死骸を食う。植物プランクトンは、窒素や燐《りん》などを栄養分として、光のエネルギーを使った光合成反応で有機物を作る。湖へ供給される栄養分は、普通、私たちの生活排水に由来する。諏訪湖（長野県）や、琵琶湖南湖（滋賀県）がプランクトンの発生により緑色や茶色に濁るのは、湖の周りに多くの人たちが住んでおり、窒素や燐を含む多量の生活排水が流れこむためだ。しかし、人口密度が低いチベット高原では、この経路からの湖への栄養分の供給は少ないに違いない。栄養は少ないはずなのに生物が結構たくさんいる。この謎を解くのが、湖での調査の主要な目的だ。

湖の生物の世界がどのように構成されているかを知る方法は二通りある。一つは、生物間の相互関係を調べるやり方、またもう一つは、物質やエネルギーの流れを調べる方法だ。湖の汚染機構の解明や水質の改善策は、おもに後者の手法を応用して成果をあげてきた。チベットの湖の研究でもそれに倣い、現状と将来を考えることが有効であるように思える。

チベットの高山湖であっても、一九世紀の探検家の時代と違い、もはや人跡未踏の地ではない。私たちが調査した湖でも、利水のための取水口が作られたり、漁業が営まれたり、観光地として施設が整備されたりしつつある。自然の保存が優先するのか、人の利用のための方策を考えるのが大切なのかの議論はおくとしても、この時期、調査に手をつけることが必要だろう。日本では、戦後の高度成長期に自然環境は大きく変化した。しかし、具体的にどのように変化したのかについては、ほとんど記録はない。今となって自然を復元しようとしても、手がかりさえないことがある。この失敗を繰り返してはいけない。ラサの北に位置する大湖、ナム湖（納木錯）では、二〇〇五年に中国科学院の湖沼観測施設が設置された。これから多くの貴重な観測成果が出てくるだろうが、チベットの湖の数は多く、調べるべき課題もまた多様だ。湖畔のテント暮らしで得た私たちのささやかな成果も、これからのチベットの湖を考えるうえで情報の一つとなるだろう。

プマユム湖（普莫雍錯）への旅

私たちは、二〇〇四年九月、雨季の終わりの時期に、チベット高原の最も南に位置する、つまりヒマラヤ山脈に最も近い、プマユム湖を調査対象に選び、湖の調査に取りかかることにした。この湖は、すでに二〇〇一年に東海大学の学術調査団が予備的な調査を行っている。標高約五〇〇〇メートルに位置する、琵琶湖の半分ほどの広さの湖だ。

高山病

チベットに着いて、すぐに観測に取りかかれるわけではない。まずは、高地の環境に体を慣らすことが必要だ。海抜高度の高い場所では、空気が薄いために、正確に言えば、酸素濃度は平地と変わらないが、気圧が低いため酸素分圧（濃度×気圧）が低くなり、血液に溶けこむ酸素の量が少なくなる。気圧の変化は、日本から持ちこんだ、密閉した袋詰めの荷物を見ると実感できる。袋の中の空気圧が外気圧にくらべて高いため、袋は裂けんばかりに膨らんでいる。標高三七〇〇メートルのラサでの酸素分圧は、平地の六〇％ほどになり、私たちの心臓は、血液に溶けこむ酸素濃度が低下したことを血流の量で補うために、平地にいる時よりも大量の血液を送り出さなければならない。脈拍は早くなり、血圧も驚くほど高くなる。体を高度に慣らすこと、つまり高度馴化《じゅんか》を怠ると、さらに高い場所に移動した際、呼吸困難や頭痛に悩まされることになる。プマユム湖の高度では、酸素分圧は平地の約二分の一に低下するのだ。私の日ごろの最高血圧は一二〇㎜Hg（水銀柱ミリメートル）ほどなのだが、ラサでの馴化の努力にもかかわらず、プマユム湖では一時的に一五〇㎜Hgにまで上がった。

ラサ到着後二、三日までが苦しい時期だ。理由はよくわからないが、夜になると特に頭痛がひどくなる。二、三週間の調査とはいえ、留守中の仕事の手配のため出発前に無理を重ねているので、ラサ到着時には相当の疲れがたまっている。その疲労も相まって、活動できない状態になる。対策は人によりさまざまだが、私は、紅茶と消化のよいバナナやスイカなどの果物で水分と糖分を補給し、ひたすら眠り、体を休めることにしている。

街での準備

二、三日も過ぎれば街を歩きまわる気力も多少回復するが、まだ数日は出発できない。完全な高度馴化、つまり酸素を運ぶ役割の赤血球が十分な数に増えるまでには、一〇日以上を要するそうだ。その時間を利用して調査の準備を進める。おもな観測機器は船便で送ったものが届いているが、簡単な観測や生物の採集のための道具は、現地の市場で調達した資材で整える。例えば、湖の透明度を測る白色の透明度板は、鍋蓋をペンキで白く塗ったもので十分代用できる。この円盤を湖水中に沈め、見えなくなる深さを透明度として、水の清濁の目安とする。太い針金を鉤《かぎ》に曲げて束ねたものは、水中の水草を引っかけて採集する道具にする。ロープ、バケツなど、何かの役に立ちそうなものも買っておく。薬局を訪ねると、アルコールやホルマリンも入手できる。これらの薬品は生物の標本を保存するために使う。

ラサの街には大きな本屋もある。日本で入手できなかった地図がほしかったのだが、正確な地図は禁制であるため、満足なものは手に入らなかった。

現地では自炊の暮らしになるため、食糧も買いこむ。麦粉と塩で飢えをしのいだ慧海の時代と違って、大規模なスーパーマーケットでは野菜でも肉でもたいていの物が揃う。一方、チベット独特の食材はほとんど並べられていない。おそらく、商《あきな》いの対象が現地のチベット人ではなく、漢族や外国人がおもな客層となっているのだろう。ビールや中国の蒸留酒も買ったが、これはほとんど不要だった。高山病は、酒を飲むと夜間の症状が特にひどくなる。プマユム湖畔の一晩目の飲酒ですっかり懲りてしまった。もっとも、懲りずに晩酌を続け、毎晩、テントの外まで聞こえるうめき声をあげる隊員もいた。

ラサの街では、五体投地、つまり両手と両足を地面に投げ出すようにして尺取虫のような体勢で聖地を回る敬虔な巡礼者も見たし、路地裏でビリヤードを楽しむ若い坊さんにも出会った。しかし、これらのたまに見かけた光景から、信仰心に感心したり、世俗化を嘆いたりしたところで仕方がない。街の中のチベットの人たちは、私たち日本人と同じように、適当に信心深く、かつ柔軟に現世と折り合いをつけているように見えた。

プマユム湖への道

ラサに到着した五日後の九月七日に、私たちは、プマユム湖に向けて出発した。同湖は、ラサの南方向、直線距離では一三〇キロメートルほどの所にある。日本の高速道路では何ほどの距離ではないが、未舗装の曲がりくねった道筋であるため半日を要する。さらに不運なことに、湖に向かうこの最短の道が通れないらしく、チベット第二の都市のシガツェ（日喀則）まわりの道をとることになった。シガツェはラサの西、直線距離で二二〇キロも離れた町だ。そこから南東に一五〇キロの位置に、プマユム湖がある。つまり、三角形の最も短い一辺ではなく、長い二辺を経由して目的地を目指すことになる。遠まわりだが、ヤルンツァンポ川ぞいを走り、七〇〇〇メートル級の高山の間を抜けるカローラ峠（卡惹拉）を経由する、興味深い旅だ。途中、シガツェに一泊し、九日の夕刻にプマユム湖に到着した。

図1-2　プマユム湖畔の幕営
真夏でも霜が降りたり、雪が積もったりすることがある。湖の向こうはヒマラヤ山脈。クーラカンリ山などの7,000m級の峰も見える。

幕営

湖畔に到着したら、荷下ろしとテントの設営作業が始まる。夏とはいえ、標高五〇〇〇メートルの地では、夜間の気温は〇℃以下になる。テントは冬用のものを準備し、さらに内張りをつけ、雨除けのフライ・シートをかぶせた。底面には断熱性のあるポリウレタンのマットを敷き、羽毛の寝袋を置けば寝床の完成だ。この一張のテントが、当分の間、個人の住居となり、また実験室、倉庫の役割をはたす（**図1–2**）。

共用の大型テントも設営する。ここが、台所、食堂、会議室を兼ねる。手洗いは、各自がスコップを持ち、好きな所で用を足す。

テントの設営や、気温や湿度などの観測機器と、水位の変動の基準とする杭の据えつけが終われば夕食だ。献立は、白米がおもで、二、三品の汁物や炒め物がつく。これが湖を離れるまでずっと続いた。

プマユム湖の水収支

未知の湖で最初にやるべきことは、その周りの地形や、植生の様子、人の生活をおおよそでも知ることだ。特に重要なのは、湖に流入する河川と流出口の確認だ。まずは、プマユム湖を一周することにした。琵琶湖の半分ほどの小さい湖だが、道の整備も悪く、雨季の名残の時期で、ぬかるみの中の旅となる（**図1−3**）。

高山湖の水資源開発

幕営地から北側の湖岸を車で小一時間も走ると、湖の東端に至る。そこにびっくりするようなものを見つけた。湖の岸を開削し、大規模な放水路が造られていたのだ（**図1−4左上**）。二〇〇一年の調査に参加した日本側の隊員に聞いてもそんなものはなかったと言うし、中国側の隊員も初めて見たとのことだった。手つかずの高山湖を予想していたのだが、すでに水資源の開発が始まっているのだ。放水路には水位を制御する水門はなく、流入水が少ない時期には、湖の水位が水路の底の高さまで下がることになる。このような放水路の開削は、水棲動物や水草の生活に影響を及ぼすに違いない。

早速、流出水量を測ることにした。流量（㎥／秒）は、河床の断面積（㎡）と流速（m／秒）の積

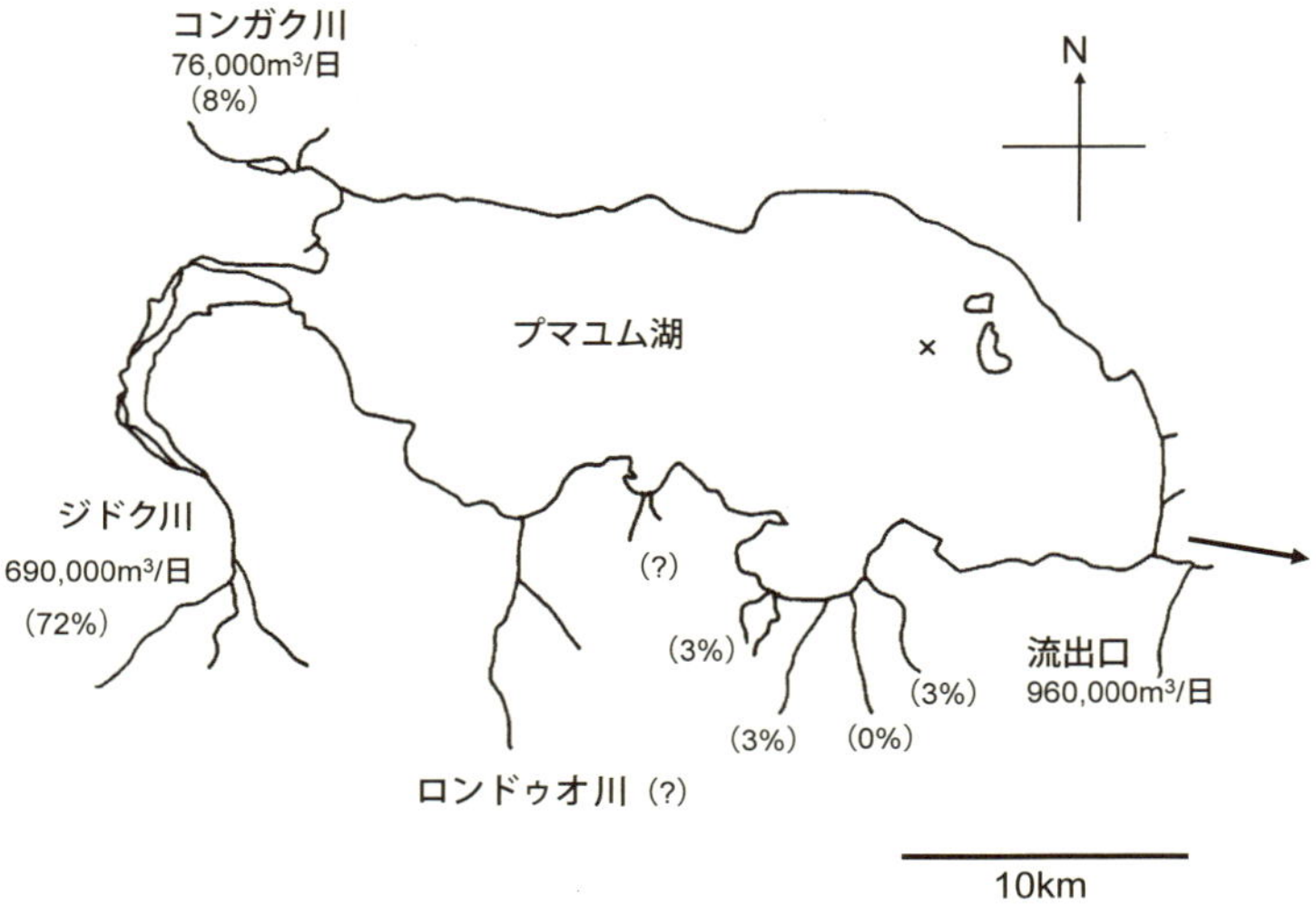

図1-3　プマユム湖の形と水収支

数字は１日当たりの流入・流出水量、（　）内は全流出水量に対する割合（%）。湖の南西の河川は未調査。×印は、湖の最大水深（65m）が記録された場所。これも、2004年の調査で初めて明らかになった。幕営地は、湖の北東の湖畔、小島の北側辺り。Murakami *et al.*（2007）を改変して転載。

だ。河床を横断しながら何カ所かで水深を測定する。すると河床の断面を、いくつかの台形と三角形の集まりとして表すことができる。これを足し合わせれば、断面積が求められる。水深の測定の場所を増やせば増やすほど正確な面積を出すことができる。流速は、浮子《うき》を流しても求められるが、日本から電気的に流速を測る器械を持って行ったので、それを使った。計算した結果、一日当たり九六万立方メートルの水が流出していることがわかった。流量は容量だから単位は立方メートル（㎥）だが、重さに換算してトンの単位で呼ぶのが一般的だ。この本でも、これからは水の量を重さで表すことにしよう。水の比重は一にごく近いから、九六万立方メートルの容量の水は九六万トンの重さになる。

涸《か》れた川

湖の東端から、今度は南の湖岸ぞいに西に走る。すでにまともな道路はなくなり、草と小石の地面を行くことになる。湖畔は放牧地として使われており、いくつかの羊やヤクの群れを見る。ヤクは牛くらいの大きさで、肩や四肢のつけ根、尾に長い毛が生えている。日本では戦国時代、この毛を兜飾りに使っていた。いわゆる「唐《から》の頭《かしら》」だが、ほんとうは唐（中国）よりもっと西の吐蕃《とばん》（チベット）からはるばる日本に運ばれてきていたのだ。人の姿はほとんど見られず、二〇～三〇人規模の集落をたまに通り過ぎる程度だ。南岸に流れこむ川の源は、すぐ近くに見える、地図上では一〇キロほど離れた山で、川の集水域、つまり水を集める範囲はごく狭い。そのため、雨季であるのにもかかわらず、流量は少ないか、まったく涸れている。東端から二〇キロほど走った所で、車が走れそうな道はなくなり、進むのをあきらめ幕営地に戻った。

翌日は、幕営地から西に進むことにした。南岸は狭いながらも湖岸にそって平地が分布しているが、北岸は切り立った崖になっている。そこで北側に大きく迂回して、湖の西端に達した。そこには、北と南から、それぞれコンガク川、ジドク川と呼ばれる二本の大きな川が流れこんでいる。南から流れこむジドク川が、プマユム湖に流入する河川の中で最大規模のものだ。ブータン王国の氷河と湖がその源となる（**図1‐4左下**）。

右上・右下：ジドク川河口湿地。遠目では一様な草原に見えるが、中に踏みこむと、水の流れが分派し網目状の水路になっていることがわかる（右上）。湿地の一部（右下）。植物は家畜に食われて草丈が低くなっていて、一見、ミズゴケやスゲの高層湿原の植生のようだ。水は、家畜の屎尿のために、茶色に染まっている。

図1-4　プマユム湖の流出口と流入河川
左上：流出口、幅31.5m 、水深0.5mの流れとなって水が落ちている。水位を調整する水門などはない。
左下：最大の流入河川ジドク川、源はブータン王国の氷河と湖。

河口湿地

ジドク川が湖に流れこむ付近では、流路はいくつもの網目状の流れに分派する。河口では、川が運ぶ土砂が堆積し、河川勾配が緩くなる。そのため、洪水時の水を主要な水路だけで流すことができなくなり、溢れた水が低い場所を求めて川岸を決壊させ、新たな水路を作ることで、網目状の水路となる。河口の水路の形成の過程は、たいていの河川学の教科書に書いてあるが、徹底的に管理され暴れることができなくなった日本の川では、その典型的な地形が見られる場所はごく稀だ。

河口は一見、高層湿原、例えば、尾瀬ヶ原（福島、新潟、群馬県）のような景観だ（**図1-4右上・右下**）。地面が盛り上がり、草丈があまり高くならない植物に覆われている様子は、高層湿原のミズゴケやスゲの原を見るようだ。点在する水溜りに湛《たた》えられた水は、茶色に染まり、腐植質《ふしょくしつ》、つまり腐った植物から浸みだしてくる有機物に富んでいるように見える。腐植質のことを、H・D・ソローは彼の『博物誌』の中では「原野の中のお茶」と呼んでいる。近年、森から海へ運ばれる腐植質と結合した鉄が海を豊かにするとの説で一般にもよく知られる言葉となった。

しかし、高層湿原との類似は、見かけ上のことであって、まったく違う性質の水域だと考えたほうがよいようだ。草丈の低い草原の植生は、羊などの摂食により、本来は丈が高くなる植物が刈りこまれたようになっているだけのことで、茶色の水は植物由来の腐植質ではなく、家畜の屎尿《しにょう》の色によるものだ。腐植質に富む水はpHが低くなるのが特徴だが、ここの湿地の水はpH八前後のアルカリ性だ。人の姿も見えず、川が奔放に景観を形作っているように見える河口の湿地も、じつは放牧という人の利用の圧力により、本来の姿から変更されたものなのだ。

プマユム湖の水収支

さて、湖の西に流入する河川の流量を測ってみると、北のコンガク川からは一日当たり七万六〇〇〇トン、南のジドク川からは六九万トンの水が流れこんでいることがわかった。それぞれ、東の流出口で測った水量の八％と七二％に相当する。

この二つの川に加え、南側の小さな河川の流量を足すと、測定した全流入水量は八六万トンになる。湖の西南の地域は残念ながら調査ができなかったが、地図上の集水域の面積から予想される流入水量と合わせると、流出水量の九六万トンとおおよそつじつまの合った数値に思える（図1−3）。

しかし、実際の湖の水収支は、湖底に浸透したり、蒸発して失われたりする水量を勘定に入れなければならない。チベットのような乾燥地帯では、特に後者の量が重要になる。ごく大雑把なやり方だが、私たちは、現場にありあわせの直径二〇センチメートル、深さ六センチメートルの容器に水を入れて、その蒸発量を晴天で風の弱い日に測ってみた。直径一二〇センチ、深さ二五センチほどの大型の皿（パン）を使うのが本式だが、一応の目安にはなるだろう。水は一日当たり一〇ミリメートルも蒸発した。この実験では、容器が小さく水が温まりやすいので、蒸発量を過大に見積もることになる。念のために、チベット高原が受ける熱量から計算した蒸発量についての論文を読むと、夏で一カ月当たり五〇ミリメートルと推定されている。仮に控えめのこの値を採用したとしても、地形図から計算すると二八〇平方キロメートルの面積になる湖面からの一日当たりの蒸発量は四五万トンに達し、流出量の約半分に相当する。

プマユム湖からの水の消失については、目に見える水だけではなく、目に見えないこの水蒸気として消える分も勘定に入れる必要がある。蒸発量を流出水路の流量と合計すると、流入水の約一・五倍の水が出ていく計算になる。新たに開削された水位調節機能をもたない放水路が、魚などの水棲動物や水草などに不都合な水位低下を招く危惧の根拠はここにある。

もっとも、水蒸気として空に上った水の一部は、雲を作り、雨となり再び地上に戻る。この年の調査では雨は降らなかったが、二〇〇六年八月の調査では、夕刻に定期的な降雨が観測された。真夏の午後の、暖かく多量の水蒸気を含んで軽くなった空気は、猛烈な上昇気流となり、積乱雲、つまり入道雲を発達させる。積乱雲の発達とともに、気圧は下がり、そのため湖の水位が一〇センチも上がる。この現象は低気圧の「吸い上げ効果」として知られており、海面では一ヘクトパスカルの気圧低下により、一センチメートルの水位上昇が起こる。乾燥地帯に位置するプマユム湖の水は、川を通って出入りするだけではなく、目に見えない水蒸気としても出ていき、また雨として湖に帰るのだ。

プマユム湖の大きさと形

水深測定

私が湖の流入と流出を調べてまわる間に、他の隊員は湖の水深を調べた。何しろ、未だ最大水深がどれほどか、また、どこがその位置なのかさえもわかっていない湖なのだ。昔の湖沼学者は、錘《おもり》をつけたロープを垂らして深さを測り、「山立て法」つまり湖の周りの目立つ二つの峰の位置関係から自分のいる場所を割り出したものだ。錘をつけたロープは伸びて測定値は不正確になるし、ロープの上げ下ろしは時間を食うし、何カ所も深さを測るのは苦労の多い仕事だった。今では、船から音波を出し、湖底からの反射を連続的に記録する器械が使われるようになり、測深はずいぶん楽になった。位置も人工衛星を利用した全地球測位システム（GPS）で簡単に測定することができる。

測定の結果、湖の最も深い場所は六五メートルの水深で、湖中の島の西側に位置することがわかった。さらに、船で縦横に湖を走り、深さのデータを集めることによって、大雑把だが湖の形と容積を知ることができた。

面積、容積、平均水深

図1-5は、水深の測定値を地図上に記入し、深さが同じ点を結んだ「等深度線」で湖の立体的な形を表現したものだ。地形図上で山の形を表す「等高線」と同じやり方だ。等深度線図ができると、この図をもとに湖を一定の深さごとに輪切りにして、深度ごとの容積を求めることができる。例えば、四〇メートルの等深度線に囲まれた範囲の面積を下面に、五〇メートルのそれで囲まれた部分を上面とし、その間の水を一〇メートルの高さの円錐台の形と見なして、体積を計算する。プマユム湖の最大水深は六五メートルだから、六つの円錐台と一つの円錐に分割してそれぞれ体積を算出し、それらを足したものが湖の容積となる。

測定結果から、湖の面積が三三五平方キロメートル、容積が一〇・二立方キロメートル、つまり水の重さにして約一〇〇億トンと計算された。私たちが利用できる最も詳しいチベットの地図は、旧ソ

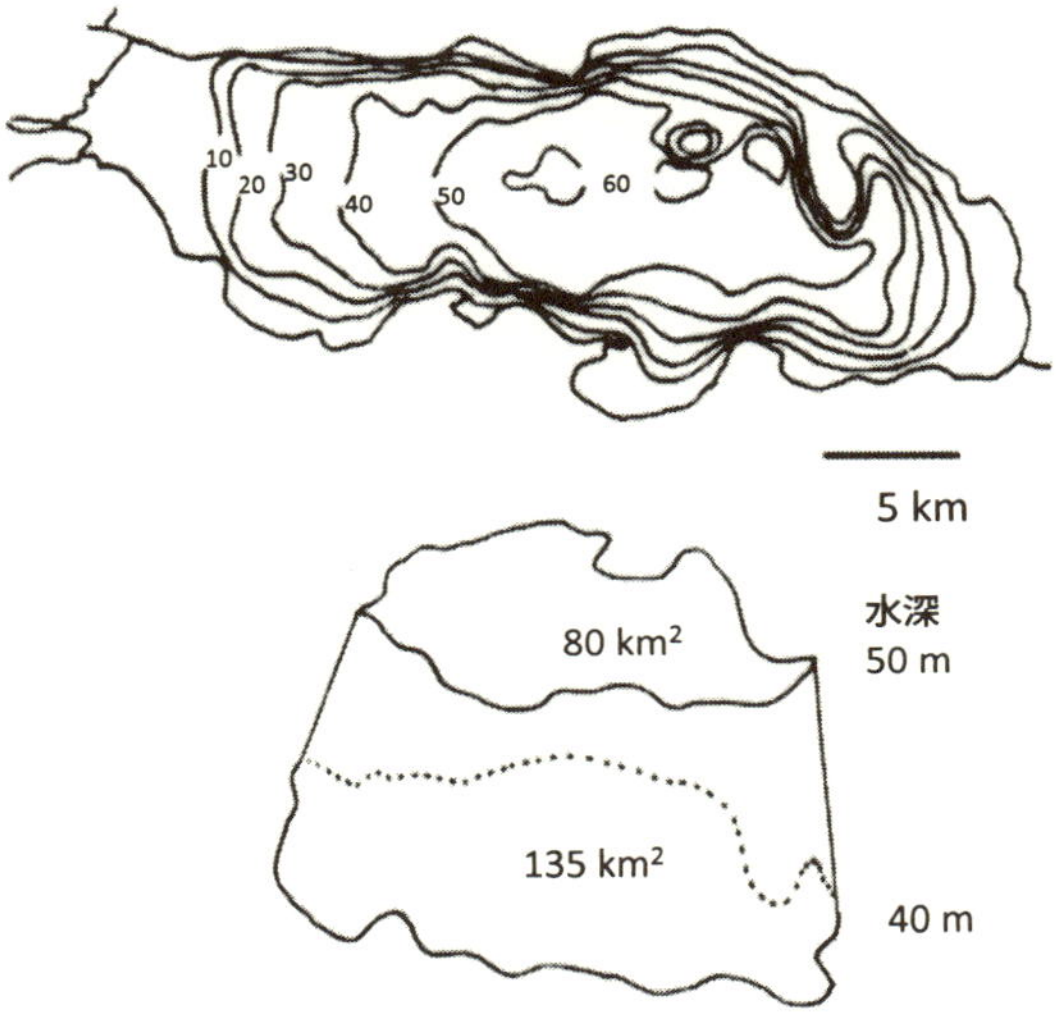

図1-5　プマユム湖の等深度線図と湖の容積の計算法

上：等深度線図、Zhu *et al.*（2010）を簡略化して転載。

下：湖容積の計算法：例えば、40〜50m水深の容積は、40m水深の湖面積を底面、50m水深のそれを上面とした高さ10mの円錐台として、体積を計算する。同じやり方で、他の層も計算し、足し合わせて湖の容量とする。

ビエト連邦製の二〇万分の一地形図だが、それにもとづいて計測した面積より一割ほど大きい。測定した時期が豊水期であったので、平均的な湖面よりも広がっており、西側の河口湿地も水没し湖の面積に含まれているためだ。一般に、雨季と乾季がはっきりしている地域では、湖の大きさは測定した季節により大きく異なる。カンボジアの大湖、トンレ・サップ湖など、雨季には面積が乾季の三倍以上にも広がることが知られている。

ちなみに、日本最大の湖の琵琶湖の面積は、プマユム湖の約二倍の六七八平方キロメートル、湛えられている水量は倍以上の二七五億トンだ。琵琶湖のほうが容積がずっと大きいのは、面積が広いだけではなく、平均水深の値も大きいためだ。平均水深と言うと、湖のあちこちで測った水深を平均したものと誤解されそうだが、湖の場合は、容積（㎥）を面積（㎡）で割った値を平均水深（m）とする。平均水深は、プマユム湖では三〇メートル、琵琶湖では約四〇メートルになる。

平均滞留年数

湖の容積（㎥）を、年間の流出水量（㎥／年）で割った値を「滞留年数（年）」と呼ぶ。水がどのくらいの速度で入れ替わるかを知るために有効な指標だ。プマユム湖の流出水量は、一度しか測っていないが、この状態が毎日続くとすれば三・五億トン／年となり、滞留年数はなんと二九・一年にもなる。つまり、いったん流入した水は、計算上、平均でおよそ三〇年湖にとどまる。琵琶湖の滞留年数が五・三年、人工的に作られたダム湖では流入水量が多いため、月や日単位の滞留時間になることと比較すると、ずいぶん水の交換速度が遅いことになる。

湖の水温や水質の調査

水質調査と言えば、有害な物質、例えば重金属や農薬などがどのくらい水に含まれているかを知るための検査と誤解されるかもしれない。もちろん、そのような研究も、これからのチベットの水を知るために必要になるが、ここで紹介したいのは、湖固有の性質を理解するための水質調査だ。

人の干渉が少ない湖では、湖水の水質は、湖やその集水域を構成する地質や、湖の深浅、水の交換速度、要するに湖の容量と流入水量との比などによって決まる。これらの要因は、直接、物理・化学的に湖の性質に影響するだけではなく、植物プランクトンや微生物などの増殖速度や現存量を変えることにより、間接的に、しかし劇的に湖の性質を変える。例えば、浅い湖に多量の窒素や燐などが流入すれば、それを栄養とする植物プランクトンが大量に増殖し、水は茶色や緑色に濁る。植物プランクトンは、それを餌として利用する魚などの湖の水棲動物の種類や量を決める。また、植物プランクトンの光合成により、酸素が大量に生産されたり、逆に、死んだプランクトンが分解される際に、酸素が消費されたりする。光合成により消費され、分解によって生産される二酸化炭素は、水中の炭酸、つまり水を酸性に傾ける物質の濃度を変え、湖のpHは一日のうちでも大幅に変動する。酸素の濃度やpHの変化は、窒素、燐などの栄養分や、さまざまな金属が湖底から溶け出す速度を制御する。

このように、湖の水環境は生物に働きかけ、生物の種類組成や量を決め、さらに生物の活動を介して、生物が逆に水環境を変えていくことになる。水質調査は、測定できる水の特性の変化から、湖の中で何が起こっているのかを知るためのものだ。

水温の分布

湖の表面から湖底方向への水温や物質の濃度の変化のことを鉛直分布と呼ぶ。要するに垂直分布と同じ意味なのだが、鉛の重りをつけたロープが水面と垂直の角度で湖底に沈んでいく様子が目に浮か

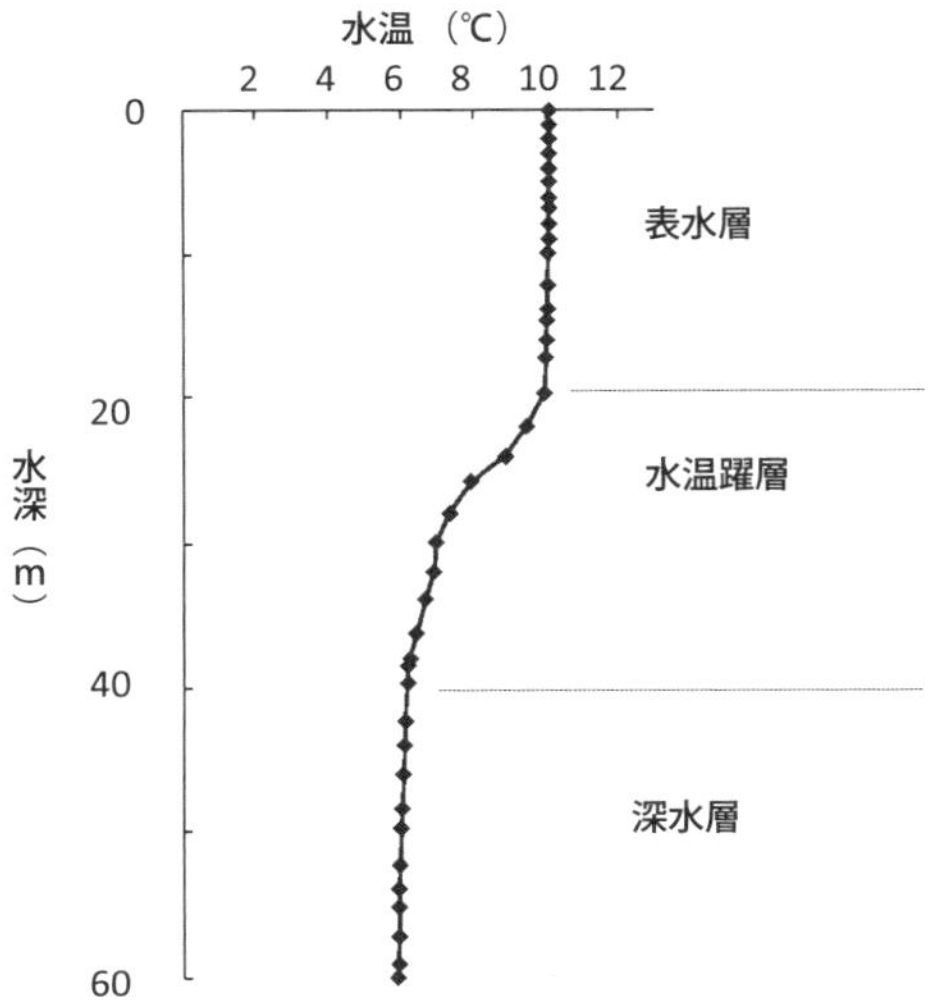

図1-6　プマユム湖での水温の鉛直分布
縦軸は水深（m）、横軸は水温（℃）。Murakami *et al.*（2007）を改変して転載。

ぶようで、湖沼学の研究者はよくこの用語を使う。

湖での観測の中でも、水温の鉛直分布の測定は最も簡単で、興味深い結果をもたらすものだろう。湖水に浮かべた船上から、温度計を静かに下ろしていく。現在の湖沼観測で使う温度計は、センサー部分が感知した温度を手元のモニターで読み取ることができ、温度の変化を遅滞なく知ることができる。

私たちが観測した九月のプマユム湖では、昼ごろの表面の水温は一〇℃、夏の日本の湖が二〇〜三〇℃になることと比較すればずいぶん冷たい。明け方はもっと水温が下がり、水際では氷が張る日もある。一方、天気がよい日中は、一八℃まで水温が上がった日もあった。

水温は二〇メートルの深さまでほとんど

変化しない。しかし、水深二〇メートルから四〇メートルにかけて急激に温度が下がり、四〇メートルでは六℃まで低下する。それより深い、湖底に近い六〇メートルまで、再び水温の変化はなくなる。水温が急変する二〇～四〇メートル層を「(水温)躍層《やくそう》」、それより浅い層を「表水層」、躍層以深を「深水層」と呼ぶ（図1-6）。

表水層は、風などによりかきまわされるが、深水層ではこのような攪乱の運動は伝わらない。水温が異なる水は比重が異なり、混じり合わない。温かい表層の水は日差しによりさらに温かく、軽くなり、季節とともに躍層はより強固なものとなる。このような状態の湖を「成層」していると呼ぶ。湖の全層が再び混じるのは、表層の水が冷えだし、深水層と同じ水温になる晩秋になってからだ。

観測した時期に、躍層の位置がどの深さにあって、上下の水温がどれほど違うかは、湖の性質を知る際、貴重な情報となる。日本の湖では、躍層の深さは、湖の長径の三分の一乗に比例することが経験的に知られており、その式を使ってプマユム湖の躍層の位置を試算してみると、一五メートル層に躍層ができることになる。しかし、測定値からの躍層の位置はもっと深い。風による湖の表面の水の攪乱の規模が大きいのだろう。

光の透過

光は、光合成により有機物と酸素を生産する植物プランクトンや水草の分布に重要な影響を及ぼす。水中の光の測定も、水温と同じようにセンサー部分を水中に沈め、手元のモニターで水深ごとの強度を読み取る。日ごろ私たちが光の強さの目安として使っているルクスは、じつは明るさの単位であっ

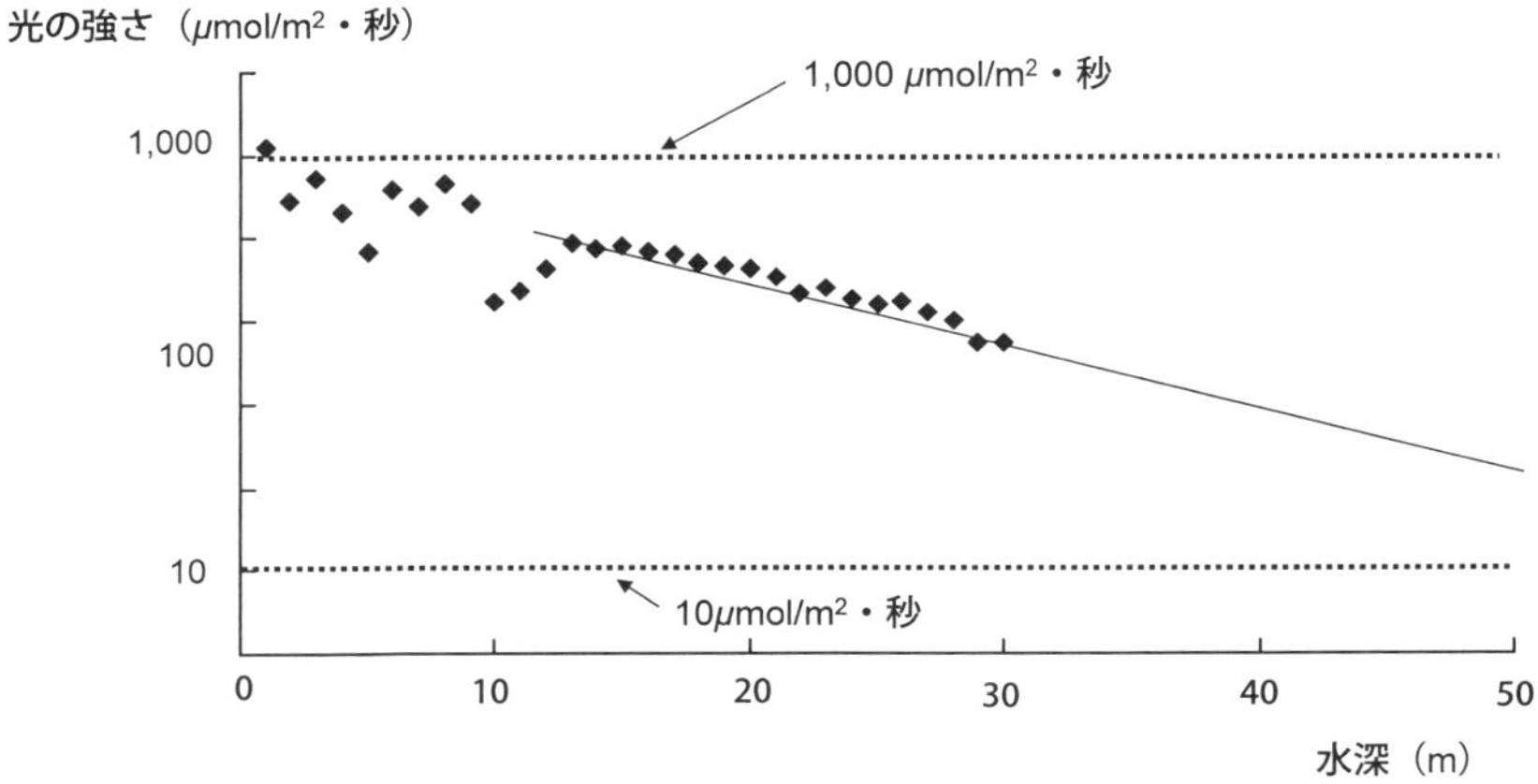

図1-7　プマユム湖での水中の光の観測結果

縦軸は光の強さ（μmol/㎡・秒）、対数表示になっていることに注意。横軸は水深（m）。光の強さの対数と水深には、逆比例の関係がある。Murakami *et al.*（2007）を改変して転載。

て、光合成との関係を検討するのならば、単位面積、単位時間当たりに透過する光の粒子数を測定しなければならない。単位は、mol（モル）／㎡・秒だが、日常生活での光の強さでは値が小さくなりすぎるため、その一〇〇万分の一のμmol（マイクロモル）／㎡・秒で表す。

　天気のよい日は高山の太陽の光は強く、サングラスがないと長く水面を見つめていられないほどだ。測定すると二〇〇〇μmol／㎡・秒にも達する。これが水中に入ると一〇〇〇μmol／㎡・秒に減少する。水が光を吸収するためだ。吸収の割合は湖ごとに異なるが、水深と光の粒子数の対数とはきれいな逆比例の関係が見られる。プマユム湖では、水深が一〇メートル深くなるごとに到達する光の粒子数は約二分の一に減少する。濁った湖では吸収される光の割合が大きく、ちょっと深いところでは真っ暗な世界になる。一方、プマユム湖のような澄んだ湖では、光はずいぶん深いところまで届く。

湖では一般に、表層の光が一〇〇分の一程度に減衰する深さまでが、光合成が可能な範囲と考えられる。この範囲を「生産層」と呼ぶ。光合成により、有機物と酸素が生産されるためだ。それより深く、光合成ができない深層は「分解層」と名づけられている。そこでは光合成とは逆の、酸素を消費して有機物が分解され、再び水と二酸化炭素に戻る反応が起こる。もっとも、生産層でも分解は起こっているのだが、生産が卓越しているため、酸素収支の差し引きからは、生産の反応だけが進んでいるように見えるのだ。私たちの持って行った光のセンサーのコードは三〇メートルしかないため、深い所までは測定できなかったが、光の減衰傾向が一定であるとすれば、プマユム湖では計算上、生産層の下限は五〇メートル以深、ほとんど底までの全層が光が届く生産層であると判断することができる（**図1-7**）。

ペンキで白く塗った鍋蓋で作った透明度板も、生産層のおおよその位置を知るのに役立つ。一般に、沈めた透明度板が見える深さの二倍くらいまでが、生産層であると考えられている。

塩分

チベットの湖の、一般的な特徴として、塩分の濃度が高いことがあげられる。日本にも、浜名湖（静岡県）など海とつながった塩辛い湖があるが、内陸の塩水湖は、乾燥による水の蒸発量が大きいためにでき上がったものだ。土の中にはわずかだが塩分が含まれており、川の流れにより湖に供給される。流出水量が蒸発量にくらべて十分に大きければ、湖に入った塩分は水とともに流れ去り、湖に塩分が蓄積することはない。しかし、雨が少なく、蒸発量が大きい地域の湖では、塩分はしだいに湖に蓄えられ、やがて塩辛い湖となる。乾燥地帯のアラビア半島にある死海がその例として有名で、塩分濃度は海の水の一〇倍にも達する。

プマユム湖では、降水量は少なく蒸発量も大きいが、それを補う大河川、ジドク川が流れこみ、流入水量に匹敵する水量が流出する。このような、水の入れ替わりが維持されていて、塩分が流出水とともに排出される湖では、塩分はたまらずに、湖水は淡水、つまり真水のままだ。プマユム湖の塩分濃度は、塩そのものの含量として表すと数値が小さくなりすぎて扱いづらいので、電気抵抗として表示するほうが便利だ。純水は電気抵抗が大きく、ほんの少しでも塩分が混じると抵抗は小さくなる。この抵抗の逆数のことを電気伝導度と呼ぶ。単位はS（ジーメンス）／mか、その一〇〇〇分の一の㎳（ミリジーメンス）／mを使う。水中の塩分が多いほど電気伝導度は高くなる。プマユム湖の測定値は四五㎳／mだった。日本の淡水湖がせいぜい一〇㎳／m程度であることから、多少塩分が濃いことがわかる。一方、塩分濃度三・五％の標準的な海水の伝導度は五〇〇〇㎳／m程度なので、それよりはずっと薄い。もちろん、湖水を舐《な》めても塩味を感じることはなく、農業や工業のための水資源として使うことに不都合はない。

しかし、この塩分濃度がこの先もずっと維持される保証があるわけではない。新たな放水路ができたことでわかるように、プマユム湖の水利用はすでに始まっている。湖やその流入河川からの取水が本格化すれば、活発な蒸発のために湖は縮小するだろう。また、煮詰められた鍋の中のスープのように湖水の塩分は濃くなり、やがては工業にも農業にも使えなくなる。実際に中央アジアのアラル海であった事件だ。

pH

塩、つまり塩化ナトリウム(NaCl)とともに、河川水は土壌由来のカルシウム(Ca)やマグネシウム(Mg)などの元素も湖に運ぶ。それらの物質が蓄積してくると、水のpHは上がり、アルカリ性に傾く。プマユム湖はpH八のアルカリ性だ。日本では、火山由来の硫酸の影響で、宇曽利湖《うそり》(恐山湖)(青森県)や蔵王《ざおう》のお釜(宮城県)などの強酸性の湖が見られるが、アルカリ性の湖はごく少ない。植物プランクトンが大発生し、その光合成のために水中の炭酸が消費されて、一時的にアルカリ性を示す湖は多いが、それらの湖でも、夜間や曇った日、また植物プランクトンの少ない時期には光合成の規模が小さくなり、pHが下がる。炭酸の消費で一時的に高いpHになる湖と、恒常的に高い湖では、生物への影響はずいぶん違うことだろう。

困ったことに、プマユム湖のようにpHが高いと、生物の遺骸を用いて昔の湖の環境を推定する方法が使えない。中性に近い湖では、植物プランクトンの死骸が年代順に湖底にたまっている。特に、珪《けい》藻《そう》類は硬いガラス質の殻をもっていて湖底で長期間保存されるうえに、水温や水質の違いにより発生する種類が異なるので、過去の環境を知るための指標として都合がよい。湖底から泥の層を乱さずに採集すれば、その中に含まれる珪藻の種類組成から、過去の湖の環境を知ることができるのだ。ところが、湖水がアルカリ性だと、珪藻の殻は短期間で溶けてなくなってしまう。プマユム湖の湖底の表面の泥の中には、珪藻の殻が、乾燥した泥一〇〇〇分の一グラム（一ミリグラム）当たり六七〇〇個含まれているが、一〇センチメートルの深さの泥だとわずか一二〇〇個に減り、さらに四〇センチの深さだと三〇〇個しか残っていない。一グラム当たり三〇万個の珪藻の殻と言えばたくさんあるように思われがちだが、殻だけを濃縮する特殊な技術を使わなければ、顕微鏡の視野の中である程度の数を見つけるのには大変な時間がかかる。しかも、種類によって、消え去るものと残るものがある。薄い殻の浮遊性の種類のものは、特に残らないようだ。これでは数メートルの深さの泥を採集し、何万年もの湖の歴史を調べることは難しい。私たちのプマユム湖を調査する目的の一つが、この古環境の復元だったが、珪藻を指標とした方法を採るのはあきらめざるを得なかった。もっとも、湖の古環境復元の手段はいろいろとあり、溶けにくい花粉を指標としたり、堆積物を化学的に分析することにより、プマユム湖の歴史は明らかにされつつある。

生物の活動

酸素の鉛直分布から読み取る生物の活動

酸素の鉛直分布は、湖で最も重要な役割をはたす植物プランクトンと細菌などの微生物の活動を知るためのよい目安となる。植物プランクトンの密度が高く、活発な光合成を営む層では酸素の濃度が高くなり、微生物が有機物を分解する層では酸素の濃度が低くなる。

水に溶けこむことができる酸素の量の上限を「飽和酸素濃度」と呼ぶが、光合成の活発な水域では、その量の二倍近くの酸素が一時的に溶けこんでいることもある。飽和濃度以上の酸素は不安定で、水を瓶に入れて激しく振ると、水中の酸素は空気中に逃げ出してしまう。表層とは逆に、光の届かない底層では光合成は行われず、酸素は消費されるだけになるので、酸素濃度はごく低くなり、無酸素状態になることもある。湖が深く、水温躍層が発達している場合は、水の比重差により、酸素の多い層と少ない層の水は互いに混じり合うことはない。

湖の中では、飽和以上の酸素が空気中に放出されたり、酸素不足の水に酸素が溶けこんだりする、生物の活動とは無関係の反応も起こっているのだが、プランクトンの多い湖では、植物プランクトンの酸素生産と細菌などの酸素消費の寄与がずっと大きく、それらの生物の分布が酸素濃度を決定する。

それに対して、植物プランクトンが少ない湖では、全層の酸素濃度分布はほぼ均一な飽和濃度となり、極端な酸素濃度の差は見られない。水と空気の間での酸素のやり取りにくらべ、生物による酸素の生産や消費の規模が小さいためだ。このような生産が少ない湖を「貧栄養湖」と呼ぶ。摩周湖（北海道）や十和田湖（青森・秋田県）などがこの型の湖だ。一方、生産の大きい湖を「富栄養湖」と呼ぶ。プランクトンの量や生産は、窒素、燐などの栄養分が乏しいか多いかによって決まるため、「貧富」の言葉により湖の栄養状態を示すのだ。

どちらが人の生活にとってよい環境であるかは、一概には言えない。貧栄養湖は美しい澄んだ水を湛えているが、基礎的な生産が少なく、漁業には向かない。一方、富栄養湖は、植物プランクトンによる濁りで見た目はよくないが、ワカサギ、コイ、フナなどの漁獲量は多くなる。もちろん、プランクトンが極端に多量に発生すると、水に悪臭がついたり、プランクトンが分解される際に大量の酸素が消費されたりして、酸素不足で魚が死ぬようなこともある。このようなプランクトンの発生による水質汚濁を人為的富栄養化障害と呼ぶ。溜池が緑色に染まる現象や海の赤潮などもその例だ。

チベットでの酸素の飽和度の計算の面倒さ

水中の酸素の量を濃度（g／㎥）ではなく、飽和度（％）で表すのは、湖の中の植物プランクトンや微生物の活動を推測するには便利なやり方だ。観測した水に溶けこんでいる酸素の濃度を、その場所の条件で最大含むことができる酸素濃度で割って、百分率（パーセント単位）で示した値が飽和度だ。例えば、一〇℃の水だと最大限含まれる酸素濃度は水一立方メートル当たり一〇・九二グラムだから、一〇グラムの酸素を含む水は飽和度九二％の不飽和と計算され、湖の中では酸素の消費に生産が追いついていないと考えることができる。

ところが、酸素が水に溶けこむ量は水温により異なる。三〇℃では最大限含まれる酸素濃度は七・五三g／㎥に減る。同じ一〇グラムの酸素であっても、飽和度にすると一三三％となる。これは過飽和の状態で、活発な光合成による酸素生産があると推測することができる。水温によって変わる濃度と飽和度の関係は、河川や湖沼の研究者だったら頭の中で換算し、水の中で何が起きているのかを現場で考えることになるが、チベットの湖ではこの換算が結構難しい。

飽和度は、水温だけではなく、気圧や塩分濃度によっても異なる。平地の、一気圧でほとんど塩分を含まない日本の多くの湖では、水温以外の条件は無視できるが、気圧が平地の半分まで下がるチベットでは、気圧による補正を考慮しなければならない。気圧が低いほど、一定量の水に含まれる酸素量の上限は低くなる。高山で、血中の酸素濃度が低くなるのと同じ原理だ。また、乾燥地域のチベットの湖は、活発な蒸発のため、塩分を含む「塩湖」であることが多い。塩分が多ければ多いほど、一定量の水に含まれる酸素の量は少なくなる。

つまり、チベットでは、水中の酸素濃度を飽和度に換算するには、水温、気圧、塩分濃度を常に考慮しなければならないことになる。ゆっくりと考えれば何でもないことだが、現場でとっさに判断しなければならない場合、結構まごつく。時には、湖の特徴を理解するための大事な情報を誤解したり見逃したりする。

プマユム湖の不思議

私たちが観測したプマユム湖の酸素濃度の鉛直分布は、植物プランクトンの生産の規模が小さい貧栄養型だった。また、二〇〇一年の調査隊は、集水域の様子、植物プランクトンの量やその栄養分となる水中の窒素や燐の濃度から、この湖を「超貧栄養湖」に分類している。さらに、ヨーロッパ・アルプスなどを対象とした研究を調べても、高山では貧栄養の湖が普通だ。

だが、プマユム湖を単純に貧栄養湖とすることには疑問が残る。酸素濃度の鉛直分布は均一の貧栄養型だったが、酸素飽和度は一一〇〜一二〇%もあったからだ（**図1-8**）。空気中からの酸素の供給だけでは、平衡に達した一〇〇%を超えることはない。湖の表層では、酸素濃度は変わらなくても、昼間の水温上昇のため、つまり一定量の水に含まれる酸素の最大量が少なくなるため過飽和になるこ

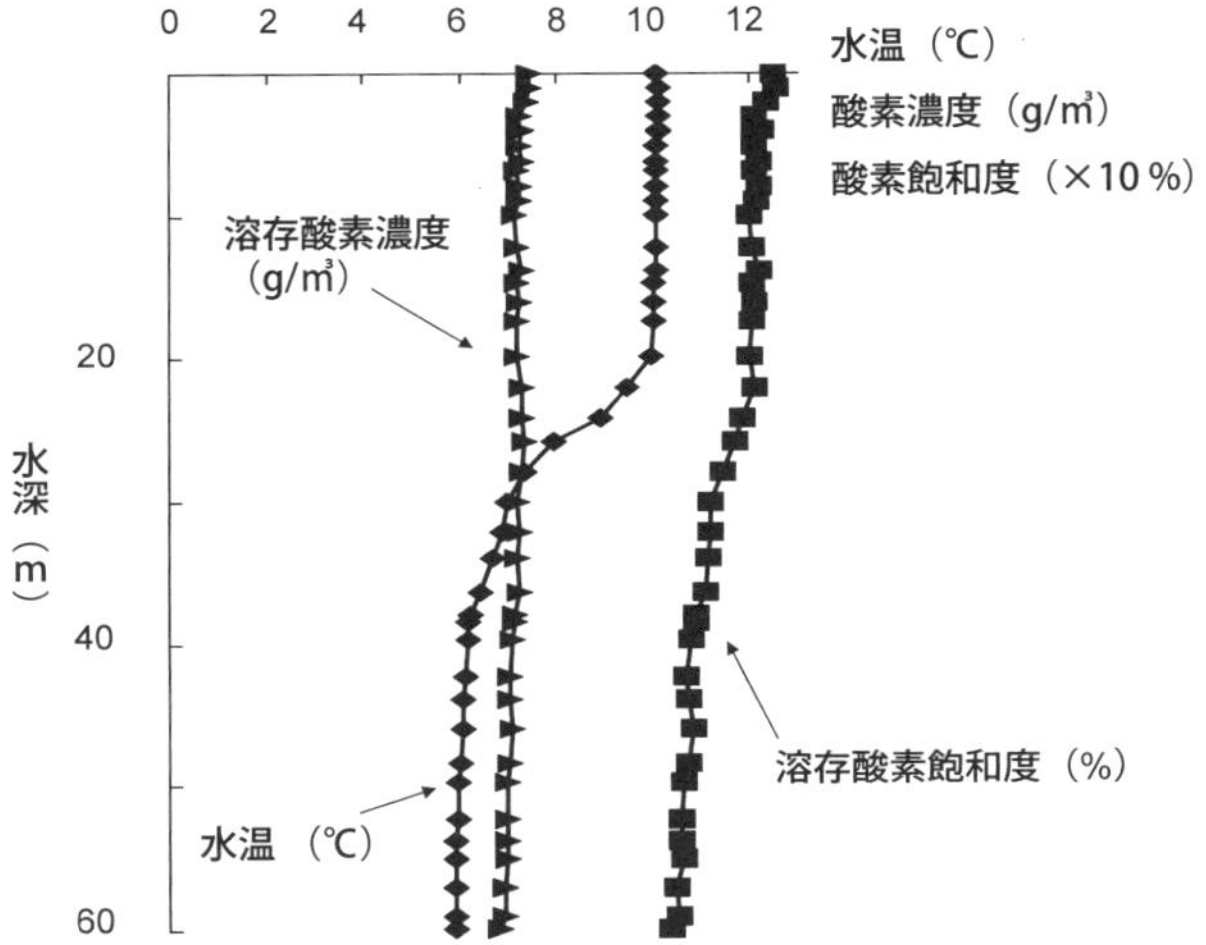

図1-8　プマユム湖での酸素濃度の鉛直分布

縦軸は水深（m）、横軸は水温（℃）と水に溶けこんでいる酸素濃度。酸素は、濃度（g/m³）と飽和度（％）で表示してある。飽和酸素濃度は、水温により決まるため、図1-6で示した水温も合わせて表示した。Murakami *et al.*（2007）を改変して転載。

とも考えられるが、水温の日変動がない深い所の過飽和の説明にはならない。やはり、光合成を営む生物が広い範囲の水深に分布しており、その活動によって、飽和濃度を超える酸素が水中に蓄積されていると考えるほうが合理的だ。

この問題を解決するには、水中の酸素濃度（g／m³）だけではなく、現場の湖で生産や消費の速度（g／m³・時間）を測らなければならない。手持ちの機材でなんとかやってみることにした。

酸素の生産と消費速度の測定

私たちは、ガラス瓶に水深の異なる場所から採水した湖水を詰め、再びそれぞれの採水水深に沈めた。植物プランクトンの光合成により作られる酸素は、時間とともに瓶の中に蓄えられる。ある程度光合成が進んだ頃合いを見計らい、瓶を引き上げて、酸素濃度の変化を測定すれば、その期間内の酸素の生産がわかる。一方、同じようにそれぞれの水深の水を詰めた瓶を、光を通さないアルミホイルや黒いビニール袋で包んだものも沈めておく。この瓶には光が差さないから光合成による酸素生産は進まず、プランクトンや細菌などの微生物の呼吸による酸素消費を測ることができる。光が差す瓶を「明瓶」、光を遮る工夫をした瓶を「暗瓶」と呼ぶ。明瓶の中では実際には、酸素の生産に加えて消費も起きているので、明瓶で測定された酸素の増加分に、暗瓶での酸素消費の分も加えた値が、真の酸素生産速度になる。

水中の酸素の濃度はウィンクラー法と呼ばれる滴定《てきてい》法、つまりビューレットとフラスコがあればできる古典的なやり方で測定できる。ビューレットとは、目盛りをつけた細長いガラス管で、コックを操作して一定量の溶液をフラスコに滴下する道具だ。壊れやすい器具なので、万一の場合は、ピペットで代用させることもできる。瓶の中の水に試薬を加え、酸素と当量の沃素《ようそ》を沈殿させ、濃度がわかっているチオ硫酸ナトリウムの溶液で中和し、その量を測定する。沃素はデンプンにより青紫色に着色するので、その色が消えたことで中和したことがわかる。この方法は、一〇〇年以上も前に工夫された測定方法だが、持ち運びできる道具と簡単な試薬で、精度よく分析できるため、現場での観測に都合がよい。しかしこの方法を用いても、貧栄養湖では、沈める前後の酸素濃度の差が感知できないほど生産がわずかなことが多い。私たちも、結果にあまり期待をしていたわけではなかった。

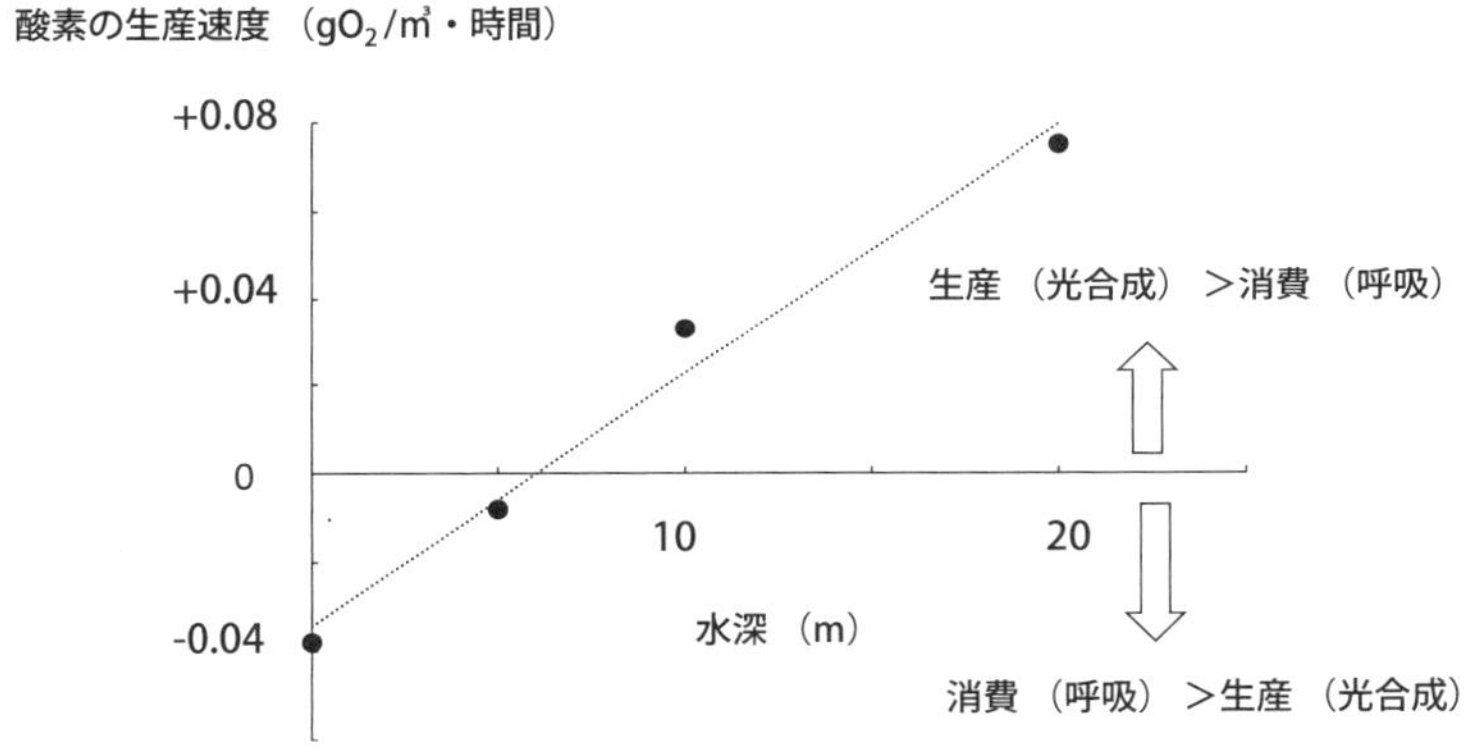

図1-9　プマユム湖での酸素生産
縦軸は湖水１㎥・１時間当たりの酸素の生産速度（gO_2/㎥・時間）、横軸は水深（m）。生産速度が負の値で示された水深では、生産よりも呼吸による消費が大きいことを示している。Murakami *et al.*（2007）から作図。

意外に大きかったプマユム湖の酸素生産

瓶を引き上げて酸素の増加を測定したところ、面白い結果になった。表面（〇メートル）と五メートル水深に沈めた瓶では、酸素の生産が負の値だった。つまり、酸素の生産より消費が勝《まさ》ることを示している。正の値になるのは一〇メートル層に沈めた瓶からだ。二〇メートル層まで下りると、さらに生産が大きくなっている（**図1―9**）。確かに、湖の表層の生産は小さいが、湖の表面から二五メートル層までの酸素の生産速度を平均すると、水一立方メートル当たり、一時間に〇・〇三六グラムの酸素生産となる。ヨーロッパ・アルプスの湖沼での測定例と比較すると、二～一〇〇倍に達する。この値はとても貧栄養湖のものではない。

光合成による酸素の生産が大きいことは、同時に湖の中で生活する動物の餌となる有機物の生産も大きいということだ。理屈的には、光合成により酸素が一グラム生産されると同時に、有機物が〇・九四グラム作られる。湖中の生物は、基本的には生産された酸素と有機物により生活することになる。生産の大きさを重視するのはそのためだ。

深水層での高い生産の裏づけ

高山湖でも意外に生産が大きく、しかも深い所ほどそれが活発だという視点に立って測定結果を見直すと、さまざまな観測事実のつじつまが合ってくる。現場では知ることができなかった水中の有機物濃度も、帰国後、持ち帰った水試料の分析から明らかになった。それを見ると、一立方メートル当たり五グラムも含まれていた。これは、富栄養湖の有機物含量よりも少ないが、貧栄養湖の値どころではない。両者の中間の中栄養の湖並みだ。二〇〇一年の東海大学などによる予備調査では超貧栄養とされていたが、そうではない。

深い場所ほど光合成を営む植物プランクトンが多いことは、それらの生物に含まれるクロロフィル（葉緑素）の分布を見てもわかる。水深ごとに湖水を汲み上げ、その中に含まれる植物プランクトンを目の細かい濾紙《ろし》で集める。これを熱したメタノール（メチルアルコール）に入れて、クロロフィルを抽出する。クロロフィルは緑色をしているが、抽出液中の濃度はごくわずかであるため、色がついているようには見えない。しかし、この液に光を当てると蛍光を発する。これも肉眼では感知できないが、器械により、高い精度でその強度を調べ、クロロフィル濃度の目安とすることができる。この調査では、手のひらに乗るくらいの大きさの蛍光を測る器械を持って行ったので重宝した。以前は、机大の器械だったが、ずいぶん便利になったものだ。測定してみると、蛍光の強さは、水を採集した水深とともに増加する傾向が見られた。三〇メートル水深の蛍光強度は、〇メートル水深の一・六倍にも達する。

二〇〇六年の追加調査

二〇〇六年八月には、再度、プマユム湖で調査を行うことができた。その時には、セディメント・トラップと呼ばれる装置を湖内に設置した。粘土粒子やプランクトンなどの水中に漂っている粒子をセディメント（sediment：沈降粒子）と呼ぶのだが、それらはやがて湖底に沈む。その量と内容を調べるのが目的だ。装置（trap：罠）は、円筒形のバケツのようなものだが、落ちてくる粒子を効率よく捕らえ、再び巻き上がらない形にしたり、たまった粒子が湖の動物、例えば大型の動物プランクトンや魚に食べられないように、装置の中に薬品を入れたりして工夫を凝らす。

セディメント・トラップは、水温躍層の下部の二七メートルとそれより深い四五メートル水深に仕掛けた。八日後に引き上げて、湖面一平方メートル、一日当たりの有機物のたまる量を計算すると、二七メートル水深では〇・〇一〇グラム、四五メートル水深ではその倍以上の〇・〇二三グラムの有機物が供給されていることになる。これは、有機物を生産する主要な深度が二七メートル以浅の表層ではなく、それより深い層であることを示している。

トラップにたまったものを顕微鏡で観察すると、形が崩れ、何が起源かわからない有機物の塊が視野のほとんどを占めるが、数種類の円盤型の浮遊珪藻類も見つかる。二七メートル水深に仕掛けたセディメント・トラップに捕らえられた珪藻の種類組成は、キクロテラ（*Cyclotella*）と呼ばれる種類が九〇%以上を占めた。一方、四五メートル水深では、ステファノディスカス（*Stephanodiscus*）と呼ばれる種類が、キクロテラに混じって一五%ほどの割合で見られた。この種類は、二七メートル水深の装置には三%ほどしか入っていない。似たような形の珪藻でも、水温や栄養分の濃度などの環境の好みが違うこともある。二つの種類の珪藻が、光の強さの好みにしたがい異なった深度に分布しているのだとすれば興味深いのだが、これらの近縁の種類はいずれも、さまざまな水質や光条件の池沼に広く分布しており、残念ながらそのような想像を支持する証拠は未だない。

高山湖で高い生産が維持されるわけ

これらの観察結果から、プマユム湖で植物プランクトンの生産が大きい理由を考えてみよう。植物が成長するには、必要なものが二つある。栄養と光だ。

光合成を営む植物であっても、水と二酸化炭素と光エネルギーだけで生きていけるわけではない。畑の作物に肥料として窒素や燐を施すように、湖の植物プランクトンも、生活のためにはこれらの元素が必要だ。では、プマユム湖ではどこから供給されているのだろうか。

二つの栄養供給源

植物プランクトンの栄養として使われる窒素化合物は、アンモニウム・イオン（NH_4^+）、硝酸イオン（NO_3^-）、尿素などだ。人や家畜の屎尿は、アンモニウム・イオンを含む。しかし、水に入ったアンモニウム・イオンは水中の酸素と反応し、短い時間で硝酸イオンに変わる。水の中のアンモニウム・イオンの存在は、その水がほんの少し前に屎尿で汚染されたことを意味する。川から供給される窒素は、もっぱらアンモニウム・イオンが酸化した硝酸イオンの形だ。

一方、植物プランクトンに取りこまれた窒素は湖底に堆積するが、微生物により分解されて、アンモニウム・イオンの形で再び水に供給される。つまり、湖の窒素の一部は、水、植物プランクトンの細胞内、湖底堆積物、そして再び水と、湖の中をめぐっているのだ。

新しく、外部から硝酸イオンの形で流入する窒素と、湖の中で循環してアンモニウム・イオンとして供給される窒素のどちらが重要な役割をはたすかは、湖ごとに異なっている。プマユム湖のように、大きな河川が流れこむ湖では、外部からの窒素供給が主要な経路と考えるほうが妥当だろう。

もう一つの重要な栄養分である燐も二つの供給源をもつ。川からは、水に溶けこんだ燐酸イオン（PO_4^{3-}）や、粘土などの粒子にくっついた形で燐が供給されるし、一方、湖底の泥からも燐酸イオンが溶け出し、植物プランクトンに使われる。底泥からの燐の溶出速度は、水中の酸素濃度が低いほど大きい。湖での栄養分の動きを考える際、底層の酸素濃度を重視するのはそのためだ。

川の水は、湖のどの深さに流れこむか

では、栄養を補給する川の水は、湖のどの深さの所に流れこんでいるのだろうか。プマユム湖最大の流入河川は、西から流れこむジドク川だ。この川が運ぶ栄養分は、湖に一様に供給されるわけではは

ない。流れこむ川の水は、すぐに湖の水と混じり合うことなく、川の水温と同じ温度の水層に流れこむ。夏のプマユム湖の水温は、表水層が一〇℃ほどで、急に水温が変わる水温躍層を介した深水層が六℃程度だ。ジドク川の源は氷河で、水温は夏でも五℃ほどと低い。つまり、川の水は、湖に流入した後は底層に潜りこむことになる。

この現象は、気をつけていれば、日本の身近な池沼でも目にすることができる。湖に川が、特に夏場に冷たい渓流の水が流れこむ地点を眺めていると、河口に向かって、湖の沖から落葉が流れ寄ってくる様子がわかる。これは、冷たい渓流の水が湖底に潜りこみ、表面の水がそれを補うように、底層の水とは逆方向に流れるためだ。

中層や底層から水を抜くダム湖などでは、濁った流入水が深い位置に潜りこむため、表面の水は澄んでいても、流出口からは濁った水が排出されることがある。ちょうど、水の中にトンネルができたようになり、その中を濁水が湖水と混じり合わず、通過するからだ。

川の水が湖の特定の深さに潜りこむ現象を、特に「貫入」と呼ぶ。この貫入により、硝酸イオンや燐酸イオンの形の栄養分が表層ではなく底層に供給されることが、深い層で植物プランクトンが大量に発生する理由の一つだ。栄養に乏しく、それを利用する植物プランクトンも少ない表層の水だけを調べても、湖全体の生産の様子はわからないのだ。

強い光の功罪

プマユム湖の観測でさらに興味深いのは、生産が深さとともに増加することだ。植物プランクトンは光合成のために、湖の中でも光が強い位置に分布するのが普通だが、強すぎる光は害になる。表層は、光合成に使われる波長の光が強いという有利さがあるが、一方、生物に悪影響を及ぼす紫外線もまた強い。空気が澄んで乾燥した高山は、紫外線が強い場所だ。私たちもたった一日の観測作業で真っ赤に日焼けし、二、三日もすると皮膚がむけた。紫外線強度を測ったところ、センサー部分を地面に平行に置くと、晴天の真昼には五〇〇〇～六〇〇〇μW（マイクロワット）／㎠にも達した。時間ごとに生産を測定すると、酸素の生産速度は、日の出から光が強まるにつれ増大するが、最も光の強い正午ごろ一時的に低下する。その現象が「強光阻害」だ。日本の真夏でもその程度の紫外線強度が測定されることがあり、浅い川や池では光合成の阻害が見られる。

生産の極大が表層ではなくより深い所に分布する現象は、水が澄んだ海で見られることが多い。日本近海では、相模湾で一〇〇メートル水深の層でこの極大が観測されている。湖では、プランクトンの発生による濁りのためにより浅い所に極大が見られ、木崎湖（長野県）では五メートルの水深で観測された例がある。プマユム湖では、光合成に十分な光が到達する水深は五〇メートルを超えるから、深い水深でも活発な光合成を行うことができる。強い光と、その光が深い水深まで到達することを可能にする高い透明度のために、植物プランクトンは深い位置を生産の場としているのだ。

シャジクモ帯・貝殻帯

プマユム湖の湖底に分布するシャジクモ（車軸藻）も、深い所まで光合成生産が起きていることを物語る。シャジクモは、高等植物やシダのような水草ではなく、より簡単な体の作りの藻類の仲間だ

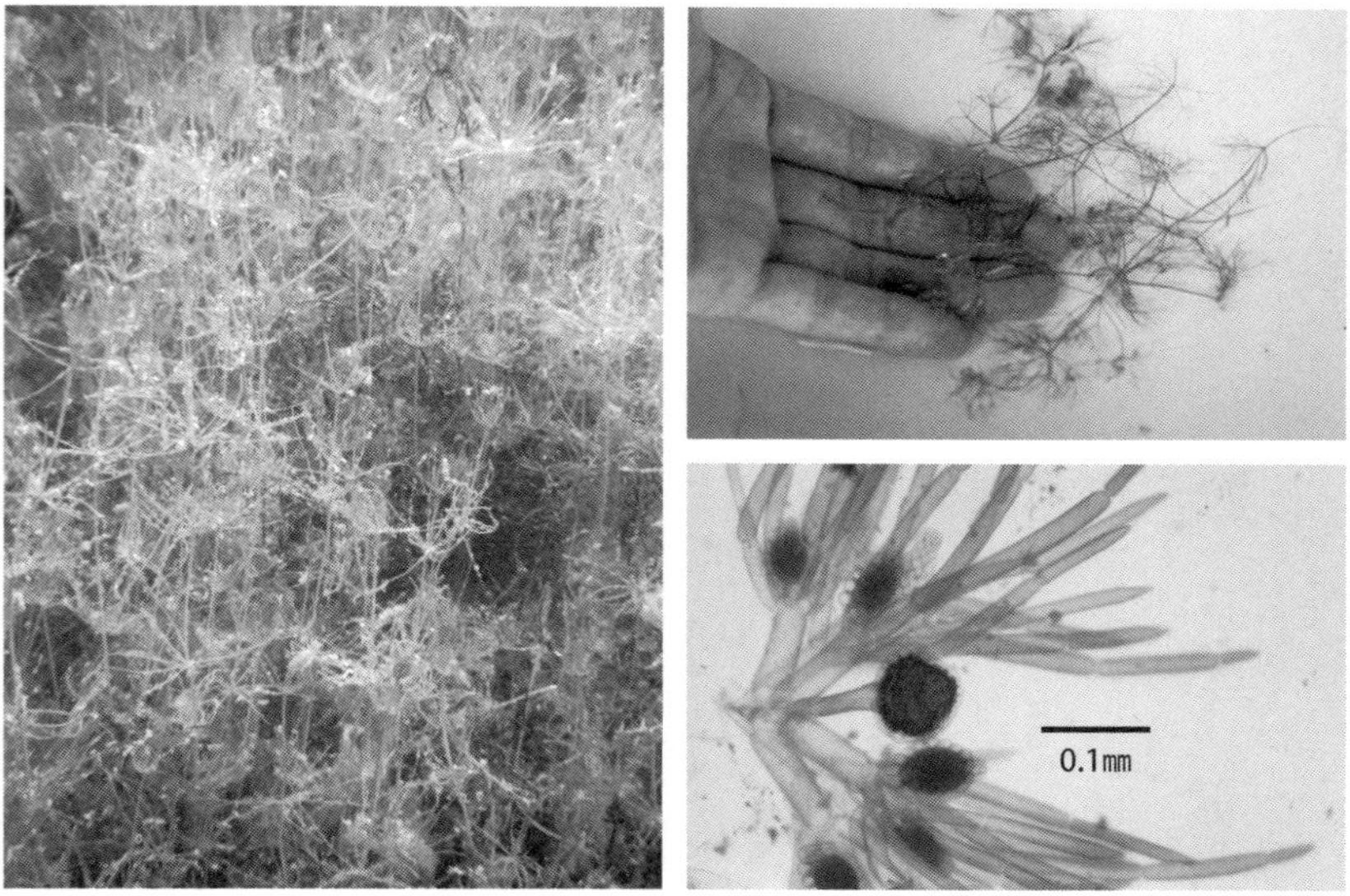

図1-10　シャジクモ

左：シャジクモの森（群落）。ネパールの池で撮影したもの。

右上：シャジクモ。

右下：シャジクモの顕微鏡写真、生殖のための雌器（中央の丸い器官）と雄器（複数の楕円形の器官）が見える。

右上下とも日本産の種類。

（図1―10）。普通、淡水産の藻類は、単細胞や、少数の細胞が集まった群体で生活しているため、顕微鏡でしか見ることはできない。せいぜい一〇〇分の一～一〇分の一ミリメートルの生物だ。しかし、シャジクモの細胞は大きく、また茎や葉のように見える器官を備えているため、肉眼でも十分認めることができ、水草だと誤解されることもある。シャジクモの名前の由来は、主軸から輻《や》（スポーク）のように放射状に枝が出ていて、自転車などの車輪のように見えるためだ。

プマユム湖で深い場所の泥を採集すると、三〇～四〇メートルの水深の湖底で、シャジクモが大量に見つかる。このようなシャジクモの分布している一帯を「シャジクモ帯」と呼んでいる。シャジクモも、植物であるからもちろん光合成を営む。つまり、シャジクモ帯の水深は生産層だと見なすことができるわけだ。

プマユム湖のシャジクモ帯では、シャジクモとともに、日本にも分布するモノアラガイのような形と大きさの巻貝もたくさん採れた。まだ中身が入っている生きている貝も採集されたが、死んだ貝殻のほうがもっと多い。この貝の分布地帯も、シャジクモ帯と同じように、「貝殻帯」と呼ばれている。プマユム湖底水中のカルシウム濃度は、表層水の三分の二ほどに低下する。カルシウムは貝殻の材料として使われるだけではなく、シャジクモの表面にも沈着している。底層での濃度の減少は生物の取りこみによるものだろう。体が横に扁平なヨコエビ（甲殻類）やユスリカ（双翅目）の幼虫、イトミミズ（貧毛類）などもシャジクモ帯で採集された。

図1-11　ゴム・ボートに集まってきたユスリカ（双翅目）の成虫
カのような姿をしているが、吸血することはない。幼虫は、湖底で生活している。

生物でにぎやかな高山湖底

高山湖の湖底は暗い不毛の地ではない。明るいシャジクモの森の中を巻貝が這い、ヨコエビが泳ぎまわるにぎやかな世界だ。動物の餌となる有機物や呼吸に必要な酸素は、シャジクモや、それに付着したもっと小さな藻類により生産される。光合成に必要な光は、透明度の高いプマユム湖では水深五〇メートルの湖底にも十分に届くし、栄養分も湖水中に貫入した河川水から供給される。水中の植物プランクトンも、無視できない規模の餌の生産者だ。プランクトンによって生産された有機物は、生産層の動物プランクトンを養う餌としてだけではなく、死骸は沈殿してユスリカのような湖底の生物にも利用されることだろう。

深水層での生産の余禄は、湖岸の浅瀬の生物を養う資源となっているかもしれない。シャジクモの破片も浜辺に打ち上げられている。また、浅い場所での生産もまったくないわけではない。砂利の表面にも、ごくわずかだが藻類が付着している。おそらくそのような有機物に依存していると考えられる生物の姿も湖岸で見ることができる。砂粒をつづり合わせた巣をもつトビケラ（毛翅目）が動きまわっているし、ユスリカの成虫に至っては、調査のためのゴム・ボートにゴマ粒を散らしたように、多数集まってくる（**図1−11**）。

ヤムドク湖（羊卓雍錯）

今まで述べてきたプマユム湖の特徴のいくつかは、チベットの高山湖に普遍的なものもあるし、その湖だけに通用する固有の性質もある。例えば、強い光と透明な水による深水層の大きな光合成生産は、他の湖でもありそうなことだ。私たちの調査に同行してくれた中国科学院の研究者たちは、二〇〇六年の調査で、ナム湖でも水深三〇メートルで酸素濃度の極大を観測している。一方、乾燥地にあるにもかかわらず、塩分の濃い湖にならないのは、大きな川が注ぎこむプマユム湖ならではの特徴だろう。

二〇〇六年八月、私たちは、他の湖も観察する必要があると考え、二つの湖を見てまわることにした。一つは、ラサの北に位置する、チベット自治区最大の湖のナム湖、もう一つは、ラサの南にあり、昔からの往還の途中に見られるヤムドク湖だ。

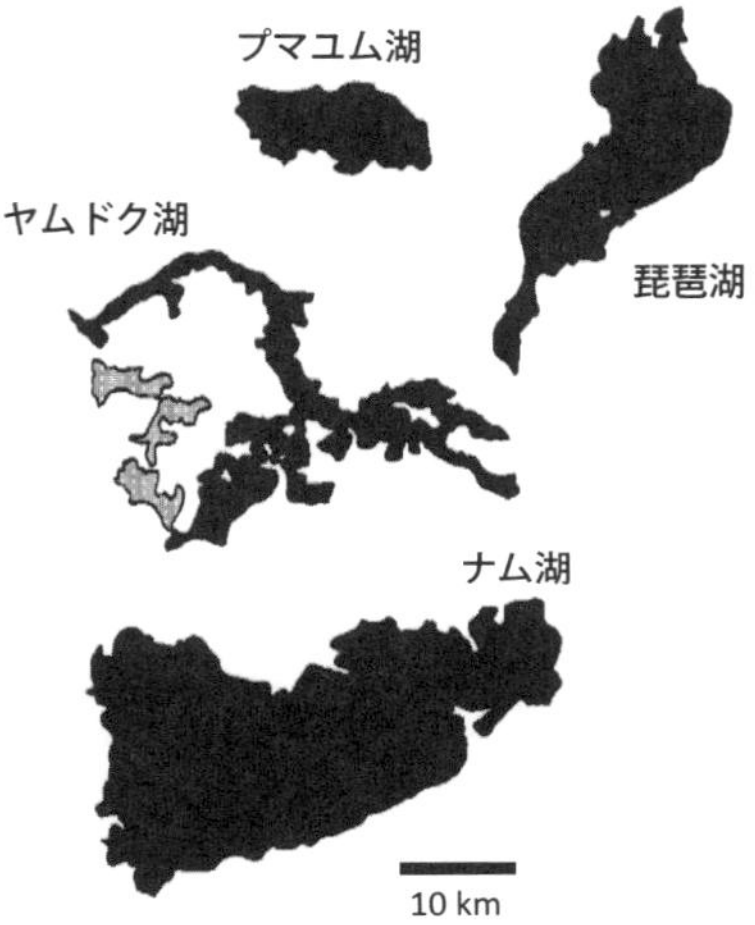

図1-12　プマユム湖、ヤムドク湖、ナム湖、および琵琶湖の大きさと形
調査した各湖と琵琶湖の湖面積、湖岸延長距離、肢節量は、次の通り。
プマユム湖：281km²、86km 、1.4
ヤムドク湖：622km²、464km 、5.2
ナム湖：1,864km²、393km 、2.6
琵琶湖：678km²、235km 、2.5
チベットの湖については、旧ソビエト連邦製の1/20万地形図にもとづき計測、作図。ヤムドク湖の網をかけた独立した湖の部分は、計測から外しているが、水位が上がれば、本湖とつながる。
琵琶湖の面積、湖岸延長距離は、吉村（1937）を引用。

湖の形

チベット語の「ヤムドク」を漢字で意訳すると「羊卓雍」となる。羊卓とは羊の食卓だから草原や牧場、雍は碧玉（ジャスパー）の意になる。湖の水色と周りの景観を的確に示すよい名前だ。

ヤムドク湖は、いくつもの入江をもつ複雑な形の湖だ。第二次世界大戦直前の一九三九年にこの地に潜入した野元甚蔵《のもとじんぞう》は、「八つ手の葉を広げたような形」と表現している。河口慧海の日記には、「中央に一大嶌（島）あり。山脈蜿蜒《えんえん》として大龍のうずくまれるが如し」と記されている。しかし、これは、現在の地図で確認すると、島ではなく半島の一部になっている。もっとも、半島のつけ根は水面に近い低い湿地なので、湖の水位が上がるとすぐに切り離されてしまい島になる。市販されているガイド・ブックには、湖内に五つの島があると書いてあるが、湖岸を走ると、複雑な地形の岸から湖中に延びたいくつもの半島部の山々が島に見えるために、もっとたくさんあるように錯覚する。

湖岸線の複雑さを示す目安として、湖沼学では、「肢節量《しせつりょう》」という指標が使われる。湖岸線の延長距離（L）と面積（A）の比率なのだが、円と比較するために、Lを$2\sqrt{\pi A}$で割って、湖ごとに違う形の比較の目安とする。つまり、単純な真円形の湖ならばその値は一になり、湖岸線が複雑であればあるほど、一から離れた大きな値になる。日本の湖を例にとれば、琵琶湖は二・五、火口に水がたまった真ん丸な形の田沢湖（秋田県）では一・一だ。プマユム湖やナム湖の肢節量がそれぞれ一・四と二・六なのに対して、ヤムドク湖はなんと五・二にも達する。ヤムドク湖の面積は、チベット自治区でいちばん広いナム湖の三分の一しかないが、湖岸延長距離はナム湖より長い四六四キロメートルもある（**図1―12**）。

肢節量の差は、湖の成因が違うからだ。単純な形のナム湖やプマユム湖は、断層でできた窪みに水がたまったと考えられている。実際、プマユム湖の北岸や中島は、いずれも急崖になっており、断層の跡のように見える。一方、ヤムドク湖は、せき止め湖と呼ばれるもので、谷が埋まってその上流が湖となったものだ。この湖の複雑な形の入江は、かつての谷の形を忠実になぞっているのだ。日本では、谷をせき止めたダム湖がこの型の湖のよい例になるだろう。

ナンカルツェの町

ヤムドク湖の旅の拠点としては、湖の西端にあるナンカルツェ（浪卡子）の町が適当だ。この町はラサからプマユム湖への最短の道の途中にあるので、何度か立ち寄ったことがある。数軒の食堂や医院もある。ナンカルツェ入りの八月一七日は、あいにく大規模な会議が町で開かれているらしく、宿が取れなかった。夕食をとった食堂に頼みこんで、営業が終わった後、卓をかたづけてマットを敷き、寝させてもらうことにする。

チベットでは伝統的に魚を食べない。海産魚は手に入らないとしても、淡水魚も菜単（メニュー）に上がっていることは稀だ。沿道に「川料理」「川蔵料理」の看板をしばしば見かける。川魚が食卓に供せられそうな名前だが、じつは、四川料理、四川・西蔵料理の略だ。

しかし例外的に、ヤムドク湖畔には、漁師がこの湖で獲った魚を食べさせる店が、ラサからの幹線道路ぞいにいくつかあり「神湖漁庄」の看板を掲げている。神湖と称するのは、女性の活仏《いきぼとけ》が住む僧院がここにあったためだろう。このような店の一つで漁船を借りて、湖の西部に位置する入江の一つで水質を観測することができたのは幸運なことだった。

部分循環湖？

湖岸の浅い場所では、日本の池沼でもよく見るヒルムシロ科の水草が繁茂している。沖に出て水温のセンサーを下ろしたところ、二〇～二五メートル水深の層に、明確な水温躍層が見つかった。表層の水温は一六℃前後だったが、躍層の下部は七℃だ。わずか五メートルの厚みは、二〇メートルだったプマユム湖の躍層よりもずっと薄い。これは、この湖の躍層が、水温差による比重の違いだけではなく、それに加えて、塩分の濃度の差によってより安定したものになっているためだ。

二〇℃と三〇℃の淡水の比重差は一〇〇〇分の二・五だが、その差は海水の一〇分の一の濃度の塩分が混じっても生じる。塩分濃度の指標となる電気伝導度は、ヤムドク湖の表層では二三〇mS／m程度だ。これは、伝導度四五mS／mのプマユム湖の五倍ほど塩分濃度が高いことを意味している。躍層の下では、その値は、二三五mS／mと二・五％ほど大きくなる。ヤムドク湖に入る塩分を含まない淡水は躍層より浅い水深の水と混合し、表層水と深層水の比重の差を大きくしているのだろう。

このような、塩分濃度が異なる二層構造の湖は、日本でも海に近いところで見ることができる。例えば、三方《みかた》五湖の一つの水月湖《すいげつ》（福井県）がそうだ。水月湖の塩分による成層は非常に安定しており、水の循環は表層の淡水の層だけで起こる。このような湖を「部分循環湖」と呼ぶ。成層の安定性は、比重差だけではなく、湖の深さや形、また湖水を混合させる風の強さにも影響を受ける。ヤムドク湖の、谷に囲まれ深く切れこんだ入江では風が遮られ、全層が循環することはないかもしれない。通常の湖で混合が始まる晩秋に、もう一度観測に訪れて確かめたいものだ。

ヤムドク湖岸を走る

翌日は、ヤムドク湖の南岸を走ることにする。ナンカルツェから東への道は、一九二四年、植物学者のキングドン-ウォードもたどった経路だ。彼は、ヤムドク湖の景観を「サファイア色の水面と蜂蜜色の岩石からなるジグソー・パズル」と讃え、さらに東のツァンポ峡谷の大屈曲部を目指した。この道は、湖岸が入り組んでいるため、行程ははかどらない。道は湖岸にそうこともあるし、道と湖の間に広い湿地が発達している部分もある（**図1-13上**）。それらの湿地の一つに足を踏み入れたところ、サクラソウに似た黄色い花が満開だった。湖の周辺の草地は、羊の放牧地になっている。羊飼いたち

図1-13　ヤムドク湖調査

上：ヤムドク湖南岸の湿地で調査中の小寺浩二、清水悠太隊員（ともに法政大学）。

下：プマユム湖からヤムドク湖に流れこむ河川。

は、家畜を見張る合間に、羊毛を撚《よ》って毛糸を紡いだり、マニ車と呼ばれる経筒《きょうづつ》を回したりしている。筒を回す数だけ念仏を唱えるのと同じように功徳を積むことになるそうだ。

プマユム湖からの流出河川は、ヤムドク湖に南から流入する（**図1－13下**）。その川を越えてさらに東に進み、小さな村に至ったところで、この旅行は中断することになった。これより先は道路工事のために通過できないとのことだ。集まってきた子どもたちと記念写真を撮り、来た道を引き返す。

ヤムドク湖の伝説

往来に近いヤムドク湖には、生贄《いけにえ》として湖に入水した少女が緑石に化した話などの伝説も多い。野元甚蔵は、湖に乗り出したイギリス人のモーター・ボートが、湖に住む魔神の祟《たた》りにより沈没した、という近代の伝説を紹介している。私たちの船が沈まなかったのはありがたいことだった。興味深いのは、異国からの訪問者のせいで、湖の水が赤変したとの話だ。これも比較的新しい伝説で、慧海も、彼の訪問の二〇年前の出来事として旅行記に採録している。

湖の赤変の原因としては、鉄分を含んだ泥の流入や、赤い色素をもつ動植物プランクトンの大発生、アカウキクサなどの赤い色をした水草の繁茂が想像できる。実際、ヤムドク湖から、カロー峠を越えたところにある「満拉水庫《まんらすいこ》」と呼ばれるダム湖で、湖岸近くの水面が帯状に赤く染まっているのを見たことがある。これは泥の流入による現象のようだ。また、チベット東部のポミ（波密）付近の河跡《かせき》湖《こ》、つまり川の蛇行した部分が流れから切り離されてできた湖で、アカウキクサが湖一面を覆っている様子も観察した。

しかしこの伝説では、水が毒性を帯びたとの話も付随しているため、有毒な鞭毛藻類《べんもうそうるい》が発生したと考えることが合理的であるように思われる。この仲間のプランクトンの多くがもつ細胞内の赤い色素のため、大発生すると湖面が血を流したような色となる。また、水に臭いをつけたり、毒性をもつ種類もあるため、この伝説の正体としてふさわしい。日本でも、この種類のプランクトンによる着色が、春に観察されることがある。栄養分の乏しい貧栄養の湖であっても、入江では、河川水が運ぶ栄養分が大量のプランクトンの発生を支え、また、沖から流入河川の河口へと向かう流れに乗って、プランクトンが入江の奥に集積することも知られている。入江の多いヤムドク湖の地形を見ながら、そんなことを考えた。

ナム湖（納木錯）

ナム湖の観測施設

ナム湖へは、ラサから北に走り、ダムシュン（当雄）の町からニェンチェンタンラ（念青唐古拉）山脈のランゲン峠（那根拉）を西に越える。これから先には、漢族の料理屋はないらしく、同行する中国側の隊員は、町で饅頭《まんとう》を大量に買いこんだ。これは小麦粉を練って蒸しただけのもので、さほど美味いものではないが、彼らには不可欠な食糧らしい。朝飯はたいていこれと温めた豆乳に、塩と唐辛子の利いた漬物を添えてすませる。

図1-14　ナム湖調査
上：ランゲン峠から望むナム湖。
下：ナム湖の湖岸。

標高五一九〇メートルのランゲン峠からはナム湖が見渡せる（図1―14上）。曇天のせいで、ナム湖は、青みがかった灰色に見える。結局、これから三日間の旅では、陽光の下で青く光る湖の姿を見ることはできなかった。峠を越え、ナム湖の集水域に入って、しばらく走ると、湖岸の中国科学院・西蔵研究所の観測施設に着く。今夜の宿だ。この施設は気象や水環境の研究のためのものだ。一〇名ほどの観測者とその補助者が常駐している。開設後間もない施設で、もっぱら、自動観測器の管理や、採集した試料をラサや北京に送る業務がおもだと言う。寂しい湖畔に常駐するのは大変な苦労だろうが、腰を落ち着けて湖を観察すれば、ずいぶん面白い現象も見ることができそうだ。

ナム湖一周の旅

翌日からナム湖東南隅の観測施設を起点として、時計まわりでナム湖を一周することにした。ナム湖は大規模な自然公園として整備される予定らしいが、まだ道路は舗装されておらず、それらしい施設も見当たらない。南岸から突き出した岬が、甲羅から首を出した亀のように見えるのが見ものだそうだが、すぐに飽きる（図1―14下）。

湖岸には草がまばらに生えた原が広がっていて、空には猛禽《もうきん》が舞っている。穴居するナキウサギを狙っているのだろう。湖岸で青いケシの花を一輪見つけた。ヒマラヤ・チベットで、多分いちばん著名で美しい花なのだが、広漠とした景色の中では貧相に見える。

ナム湖南岸には、ニェンチェンタンラ山脈の氷河を源とする渓流が幾筋も流れこんでいる。いずれの川も白濁した急流だ。もちろん橋などない。その一つを渡河する際に、私たちが分乗する一台の車が、流れの中で止まってしまった。もう一台の車で牽引し事なきを得た。この旅に出かける際、中国側の隊員が是非二台で出かけるべきだと主張したが、このような事態を想定してのことだったのだ。日暮れになって小さな集落にたどり着く。やっとナム湖一周旅行の半分の行程を走破したことになる。粗末な小屋が今夜の宿だ。夏とはいえ、小屋の中ではストーブをたかないとたまらないくらい寒い。燃料は乾燥したヤクの糞だ。買い出しに出かけた中国側の隊員が、ビールを何本も買ってきてくれたが、温かい食事はない。日本から持ってきた即席麺を、皆で分けて夕食にした。

塩湖

大縮尺の地図や航空写真で見ると、ナム湖の湖岸線は滑らかだが、実際に走ると、湖岸にそって、小さな湖がたくさんある。特に、西岸と北岸に多い。琵琶湖の内湖のようなもので、浅くて水草が生えている。増水の時期には本湖とつながる小さな湖の岸には、植物の遺骸を食べるヨコエビの脱皮殻がたくさん打ち上げられている。

ナム湖では船を出すことができなかったため、湖岸で水質を観測した。流入河川の影響で、場所によりずいぶん塩分濃度が異なる。電気伝導度は、南のニェンチェンタンラ山脈の氷河由来の河川では一〇〇～二〇〇㎳/mほどだ。一方、北岸や西岸に流れこむ原野を集水域とする河川では、三〇〇㎳/m程度の測定値が得られた。さらに、付随した小さな湖の一つでは、四五〇㎳/mほどの濃い塩分濃度だった。これは、標準的な海水の一〇分の一弱の塩分に相当する。南からヒマラヤ山脈を越えてきた湿気は、途中の山で雪や雨となって振り落される。この辺りまで北上すると、空気は乾燥し雨が少なく、浅い内湖では特に蒸発量も大きいため、塩辛い湖となるのだ。

青蔵鉄道

丸二日かけて、やっとナム湖を一周することができた。再びニェンチェンタンラ山脈の分水嶺を越えて、帰途に就く。当初は途中の町で泊まる予定だったのだが、よい宿がなく、ラサまで戻ることになった。ラサまでの道は青蔵鉄道にそっている。この鉄道は、中国西北部の青海省・シリン（西寧）を起点としてゴルムド（格爾木）に至る路線がさらに南下して、ラサまで延長したものだ。私たちが訪問した二〇〇六年には、ラサが終点だったが、現在では、シガツェまで延長しているそうだ。運よく、渋い緑色に塗られた列車が、私たちの車を追うように近づいてくる。サービスのつもりか、車の運転手は猛烈に速度を上げ、列車と並走してくれた。

チベットの湖のこれから

たった三つの湖を大急ぎで見てきただけだが、チベットの湖にも人の干渉が及びつつあることが強く印象に残っている。懸念される影響は、水利用による湖の縮小と集水域の開発による汚水の流入だ。

湖の縮小

農作物は塩分を嫌う。例えば稲の場合、成長時期にもよるが、農業用水の塩分濃度が電気伝導度で二〇〇㎳／mを超えると不都合が生じると考えられている。チベットで作られている麦も、二条大麦などの特殊な種類は別として、やはり塩害に弱い。伝導度四五㎳／mと塩分濃度が低いプマユム湖の水はもちろん農業用水として適格で、今後、利用が盛んになるだろう。

プマユム湖の等深度線図から、利水により、例えば、湖の水の一〇％が失われた場合の湖岸線をおおよそ想像することができる。水位は約三メートル低下し、湖の面積も一〇％ほど縮小する。急崖の湖岸はほとんど変化はないが、西の流入河川が入りこむ辺りは遠浅となっているため、面積の減少率が大きくなる。おそらく河口湿地は干上がってしまうだろう。水位の低下により湖岸の水草帯が大きな被害を受けることは、洪水対策のための水位調整が行われている琵琶湖や、湖水が水力発電に利用されている青木湖（長野県）の例が日本でも知られている。蒸発水量の多いチベットでは、さらに塩分の濃縮も懸念される。

より塩分濃度の高いヤムドク湖とナム湖の水は、稲、麦などの作物の生育には多少不都合かもしれないが、他の用途に水が使われる可能性もある。例えば、ヤムドク湖と、そのすぐ北、直線距離にして八キロメートルしか離れていないヤルンツァンポ川の標高差は八〇〇メートルもあり、その落差を利用すれば、ダムなしで効率のよい水力発電所を作ることができる。

いずれの水利用も、地域を経済的に豊かにするとともに、景観や環境、生息している生物に大きな影響を及ぼすことは避けられない。また、伝統的な信仰の対象であった湖への干渉を容認することは、地域の人たちの心の在り方も変えてしまうだろう。

汚染物質の滞留

集水域の汚染、特に重金属や化学的に合成された分解しにくい物質、例えば農薬などの流入は、滞留年数の長い湖では、水を利用する生物や人の生活に、長期間影響を及ぼすことになる。プマユム湖の平均滞留年数が三〇年にも達することに注意する必要がある。ちなみに、三〇年で湖の水がすっかり入れ替わるわけではない。仮に、流入水が湖水と完全に混合して、流入水量分が流出するとして計算すると、湖内の汚染物質の量は、三〇年経っても三分の一強に減少するだけで、まったくなくなってしまうわけではない。

プマユム湖よりも容積が大きく、大規模な流入河川をもたないヤムドク湖やナム湖の滞留年数はさらに長期化する。いったん汚染された湖は、すぐに気づいて汚染源を絶ったとしても、回復には長い時間が必要なのだ。

保存か賢い利用か?

自然の価値が重要だとの考え方は、現在、ゆるがせないほど確固としたものとなっている。私たちの衣食住は自然物を利用しており、それを持続的に利用する以外に生きる道はない。急進的な開発主義者でも、今までのような無制限な自然利用を主張することはできないだろう。また、利用価値だけではなく、自然物にふれることにより感じ取られる荘厳さや美しさも私たちの生活には不可欠だし、近年は、人の利用価値や観賞価値とは無関係に、自然物が人と同様に生存の権利を持つことも主張されるようになってきた。しかし、手つかずの自然をその営みにまかせてそのまま残すか、また人の生活のために賢く利用しつつ次の世代に伝統的な環境とかかわりあった生活を残すかについては、意見が分かれるかもしれない。前者の考え方を「保存」、後者のそれを「保全」と呼ぶが、どんな利用をしようと原生の自然は改変されるし、改変しないと私たちの生活は成り立たない。一見、自然のままに見えるチベットの山野も、注意深く観察すれば人の手が加わっていることがわかるはずだ。

保存と保全は、守るべき環境によって使い分けることが現実的だが、地域の特性や時代ごとに異なる人の要求によって、どこで折り合うかはそれぞれ違っている。すべてか無かではなく、合意を求めるのならばどこまでが互いに許容できるかを、客観化できる量の概念を含む言葉で議論しなければならないだろう。湖の現状を理解するために、また危惧される開発の影響を述べるために、煩雑な数値を並べ立てたのは、そのためだ。

湖の個性の研究の面白さと重要性

湖の研究の面白さと価値には、世界中の湖で通用する普遍的な法則を発見するとともに、湖それぞれの個性を記述することも含まれる。どちらが、特に重要であるということはない。湖に関するさまざまな現象についての情報を集めることも必要だし、それらを整理し、共通する論理を考えることも大事だ。

しかし、湖の環境保全に役立てるには、普遍的な法則よりも湖の個性を深く知ることがより重要だと思う。調査した三つの湖は、成因も大きさも水質もそれぞれ違っている。プマユム湖の知識でチベットの湖全体を論じるのは無謀だし、一般化したチベットの湖全般の理解から、個々の湖の事例を考えるのもばかげている。

となると、たくさんの湖について、多くの湖沼研究者が常駐して、さまざまな現象を明らかにしていかなければならない。とても地元の研究者だけでは手が足りないだろう。かつてのように、よその国から来た探検家が、遺物も標本もそして成果も国外へ持ち出し、地元に何ら利益をもたらさないような行為は認められないが、多くの研究者にこの地を研究対象として活躍してもらいたい。また、保存か保全かの意思の決定には、地元だけでなく、遠く離れた水や自然の利用者も、さらにこの地域の将来に興味をもつ世界中の人がかかわるべきだろう。私たちの調査旅行の成果が、その一助となれば幸いだ。

第二章　氷河が涵養する川——チベットの川……………村上哲生

川と湖

次はチベットの川の様子を紹介しよう。川は湖とともに代表的な淡水、つまり真水の環境だが、流れがあることが、そこに棲む生物の生活や種類組成を変えてしまう。湖の性質を決める重要な要因だった水温や水質の鉛直分布の特徴は、川では見られない。川の水深は浅く、流れによってできる渦のために、水はいつもかき混ぜられており、深さの方向には均一な環境になっている。そのかわり、上流から下流への流れにそった環境は不均一だ。上流と下流、瀬と淵は、つながってはいるがまったく違った生物の生息の場だ。

湖では酸素と有機物の生産の主役だった植物プランクトンは、川には棲めない。流されてしまうためだ。川に棲む虫も、吸盤や鉤《かぎ》状に曲がった爪などを備え、流されない工夫をしている。

生産者としては、植物プランクトンの代わりに、川底の礫《れき》や杭、水草などの流されない基盤に固着する付着藻類がその役を担う。また、落葉のような河畔から供給される外来性の有機物も、餌資源として重要になる。川が水を集める集水域の環境は、湖よりも、水中の環境や生息する生物に大きな影響を及ぼす。

氷河河川

チベットの河川では、特に氷河の存在が、他の地域の川とは異なった性質をつけ加える。氷河由来の粘土により白濁した川は、遠い昔に氷河が消えてしまったと考えられている日本では見ることができない。日本でも、豪雨の後の泥濁りや、田植え前の代掻《しろか》きの時期に濁った川を見ることもあるが、その濁りとは違う。乳白色の細かい粘土による濁りの川だ。この濁りを、その独特の色から、グレイシャー・ミルク（glacier milk：氷河ミルク）と呼ぶこともある。しかも、氷河から流れてくる川の水位や水温、濁りの濃度は、一日のうちに著しく変化する。日が昇り、気温が上がるにつれ、氷河は融けはじめ、午前中に見た緩やかな流れの浅瀬が、午後は激流に変化する。午後になって川から溢れた水は川の傍の水溜りや湿地とつながり、そこから押し流された陸由来の物質が川の中の生物にもたらされる。いつ、どこから、どのような形の有機物が餌資源として供給されるかは、川の生物の世界の成り立ちを知るためには不可欠な情報だ。こんな形での有機物の供給は、日本の川ではまず考えられないし、それに依存する生物の生活も変わったものであるに違いない。

チベットの川の価値

チベットの川の研究の歴史は浅い。ラサ（拉薩）の南を東に流れるチベット第一の大河ヤルンツァンポ川（雅魯蔵布江）が、いったいどの川の源になるのかすら、二〇世紀の初めのころまでずっと謎のままだった。チベットの鎖国政策と、川が通過するヒマラヤに連なる山岳地帯の地形の険しさが、探検家たちを阻んできたためだ。二一世紀の今日、多くの探検調査の結果、未踏査の地域はなくなった。チベットのような辺鄙《へんぴ》な地であっても、川の調査旅行は近年多くなってきた。学問的な好奇心だけではなく、アジアを潤すいくつかの大河川の源流域であるために、水資源としても価値が大きくなったためだ。現地の随所で水位や水質の観測のための機器が設置されているのを見たし、宇宙からの観測の目も整備されてきた。しかし、広大な面積に目を配る鳥瞰《ちょうかん》的な調査も必要だが、川にそって移動し、現地の人の生活や文化にふれながら、水の様子や水棲生物の生活を見ることもまた、地域の水を知るのに大事なことだろう。

私たちがチベットで川の調査を始めてから、わずか一〇年程度しか経っていない。しかも、広い地域を大急ぎで移動しながらの旅行では、調べることができる項目も限られる。一方、常にチベットの川を見ている現地の人たちにくらべ、異なった気候帯から来た私たちでなければ気づかない川の一面もあるかもしれない。現場での水質調査を中心に、礫などに付着する藻類や、カゲロウ、カワゲラなどの水棲昆虫の種類組成の話題をまじえて、チベットの川の特徴の一端を紹介し、川の現在とこれからを考えてみたい。

チベットの川

乾いた大気と涸《か》れ川

チベットの調査旅行はラサの近郊のラサ・ゴンカル（拉薩貢嘎）空港から始まる。三五〇〇メートルに達する高度にあるとはいえ、飛行機から降り立った直後はまだ高山病も発症せず、快適な気持ちで周りの景色を楽しむことができる。空港周辺の山並みは、背の高い樹木に覆われることなく、浸食が進んだ赤茶色の地面には谷が深く刻まれている。視程《してい》はよく、遠くの山もはっきりと見える。出発前に見た青空に映《は》える山や宮殿の写真は、自然を美しく撮る技術の効果ではなく、現実の景色なのだ。

明治時代、チベットに入国した僧、河口慧海《えかい》は、ラサの南、約六〇キロメートル離れたカムパ峠（崗巴拉）から、ラサのポタラ宮の屋根を拝んだことを記している。この記述については、そんな遠くまで見渡せるはずはなく、彼の法螺《ほら》や思い違いであるとの説もあるが、湿度二〇％の乾燥した条件では視程は五〇キロメートルにも達するし、湿度四〇％でも三〇キロメートルはある。ポタラ宮の金色に光る屋根は遠くからでもよく目立つことや、慧海の超人的な身体能力からすれば実際の視距離はもっと長くなるだろうから、あながち彼の記述を誤りとかたづけることはできないだろう。

空港からラサへは、下流でブラマプトラ川と名を変えるヤルンツァンポ川と、その大支川のラサ川ぞいに走る。大きな川にはいつ見ても大量の泥を含む茶色の水が豊かに流れているが、雨季の最中で

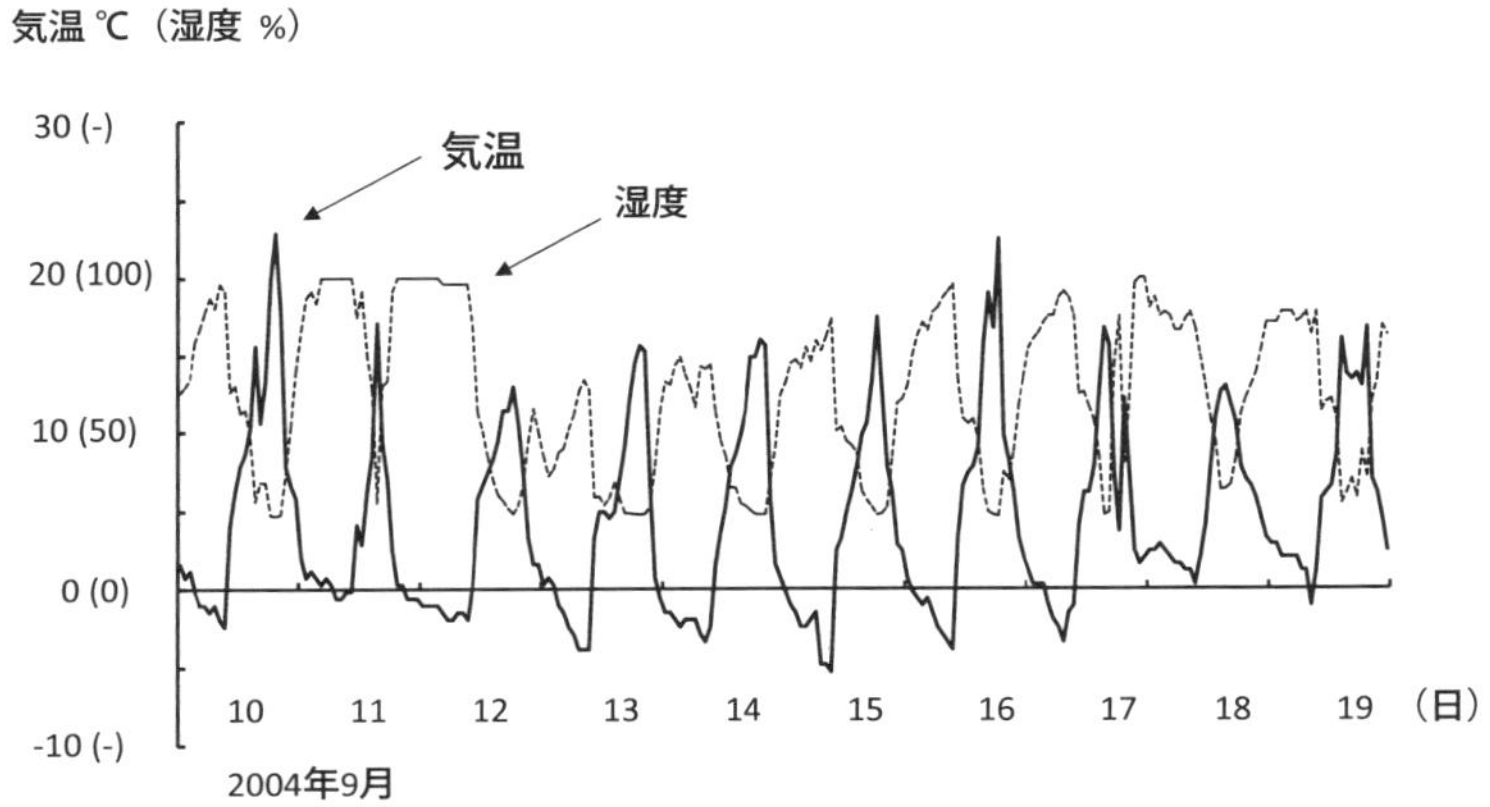

図2-1　チベット高原の気温（実線）と湿度（破線）の観測例
2004年9月に、標高5,000mのプマユム湖畔で観測。村上他（2007）を改変して転載。

なければ、空港からラサの街中までの旅程で見る、それらの大河に流れこむ沢や小川にはまったく水が流れていない。

乾いたチベットと湿ったチベット

視程がよいことと涸れた沢が多いことは、チベットが乾燥した地域であることを示している。乾燥は、チベットの川と湖を語る際、湿潤な日本の気候に慣れた私たちが最初に感じ取ることができる特徴だ。しかし、乾燥の程度は、広いチベットの地域ごとに、あるいは、季節、時間帯によって異なることもまた、チベットの水を知るための重要な知識だろう。

湿度を例にあげてみよう。湿度一〇〇%と聞けば、誰でも湿った気候を想像するに違いない。ところが、乾燥したチベットでも、夜間に湿度が一〇〇%に達することはめずらしくない（**図2-1**）。昼間は二五%ほどの湿度だが、日が落ちると急激に湿度が上がる。これは、どこからか大気に水が供給されたわけではない。私たちが湿度と呼んでいるのは、正確に言えば「相対湿度」、つまり一定の体積と温度の空気に最大限含まれる水の量（飽和水分量）に対して、対象となる空気が実際にどのくらい水を含んでいるかということだ。最大限含まれる水の量は温度が高いほど多くなる。この関係は、水の温度と溶けこむ酸素量の関係と逆だ。チベットでは、日が沈むと気温が下がり、飽和水分量自体が少なくなるために、相対湿度が高くなるわけだ。空気中に含まれる限度以上の水分は、朝露となって地面に降りる。つまり、一日中乾いた環境ではないのだ。

地域的にも、乾燥した地域と湿潤な場所がある。東経九一度付近のラサの辺りは乾燥した気候だ。山には木はほとんどない。しかし、ヤルンツァンポ川にそって、東に移動するにしたがい、しだいに森が現れる。東経九六度辺りに位置するポミ（波密）では、山は鬱蒼《うっそう》とした森林に覆われ、サルオガセ（サルオガセ科の地衣類）などの大気中の水分に頼る植物も見られるようになる。二〇世紀初めにチベットの植物を調査したF・キングドン－ウォードも、チベット国内でも地域により気候と植生が違うことを書き残している。家の造作も気候の違いを知る手がかりとなる。ラサ辺りでは、雨が少ないために屋根は平に作られているが、東に行くにしたがい、雨がたまらないような傾斜をもった屋根が現れてくる（**図2－2**）。

白濁した川と透明な川

ヤルンツァンポ川の本川や大きな支川は、いつ見ても泥で濁っている。透明な水が見られるのはもっと小規模な川で、川の源はまばらに木が生えた林や草原になっている。しかし、中には白濁した流

図2-2　チベットの街並み

上：ラサ西、東経90度付近。乾燥した地域では平たい屋根が一般的。

下：ラサ東、東経92度付近。この辺りから傾斜のある屋根を載せた家が多くなる。

図2-3　氷河を源とする白濁した河川（写真右側から合流）と、透明な水の河川（写真左側から合流）の合流点

チベット自治区コンボ・ギャムダ（工布江達）県、河川名不詳。Murakami *et al.*（2012）より転載。

れもある（**図2‐3**）。ヤルンツァンポ川の茶色の泥濁りではなく、白く、細かい粒子で濁った水だ。地図を頼りに上流を調べると、水源には氷河がある。

河口慧海や、H・ハーラーの探検記には、氷河を源にもつ、白濁した、冷たい川の特徴がよく表現されている。中でも面白いのは、ハーラーが橋のない川を渡る時の苦労話だ。ハーラーは、深く、流れの速い川に行く手を阻まれる。しかし彼は、昼間の激流が早朝には流量が少なくなることに気づき、首尾よく川を渡りきる。この挿話は、氷河から融け出る水の量が、気温の上昇とともに増加することを示している。

こんな奇妙な川は、氷河のない日本では見ることができない。高緯度の低地の氷河については、比較的、観測例も多いが、高山の氷河河川については資料はあまりない。水の嵩《かさ》は、ハーラーが述べたようにほんとうに劇的に変わるのだろうか。また、しょっちゅう水位が変わる川では、どんな生物の営みが見られるのだろうか。私たちは氷河の末端から流れ出る川に出かけ、観測を始めた。二〇一〇年の八月のことだ。

氷河を水源にもつ川の一日

氷河の下へ

ラサから一日か二日の行程で、氷河が発達している七〇〇〇メートル級の高山の麓《ふもと》にたどり着く。私たちは、ラサの北のニェンチェンタンラ（念青唐古拉）山脈と南のノジンカンツァン山（寧金抗沙峰）の裾野でそれぞれ三本の川を調査の対象として選び、夜明けから日没まで、水位や水温、水質を観測することにした（**図2-4**）。いずれも標高四七〇〇～五〇〇〇メートルに位置する。どの川も、河畔に森林はなく、丈の低い灌木や草がまばらに生えている。川の名前などないので、これからは、「R1」などと略号で呼ぶことにしよう。

北のニェンチェンタンラ山脈は、ナム湖（納木錯）付近から、ヤルンツァンポ川が東から南に流れの方向を変える、いわゆる「大屈曲部」まで続く、全長七五〇キロメートルの長大な山の連なりだ。山脈西部のクンモガンゼ山（窮母崗峰）（標高七〇四八メートル）付近が調査の場所となる。ラサから麓までは、近年開通した青蔵鉄道ぞいの道を行く。最初は氷河の末端で野営する意気ごみだったの

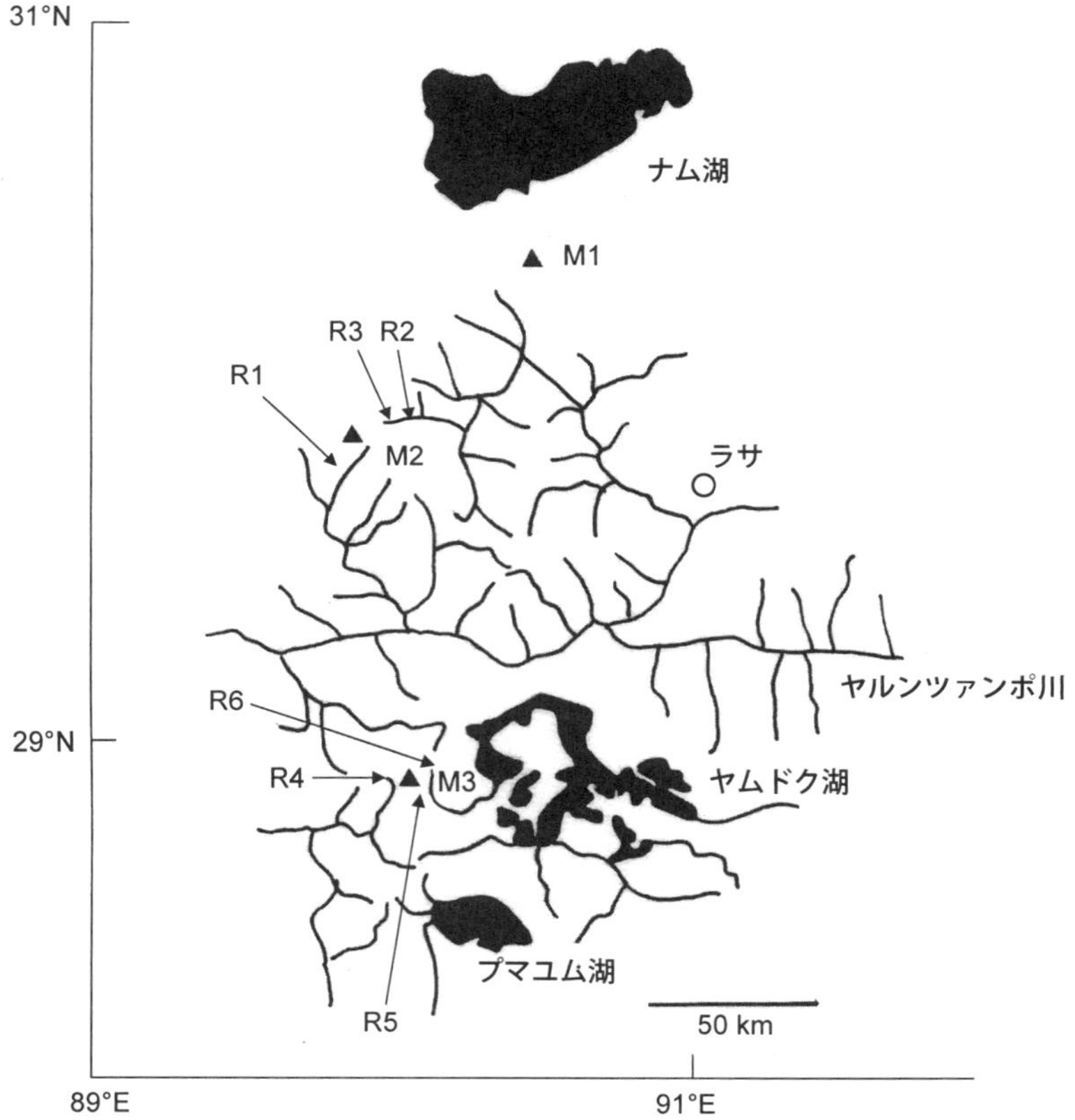

図2-4　氷河河川の調査地域

Mは調査地域の主要な山。

M1：ニェンチェンタンラ山（標高7,162m）、M2：クンモガンゼ山（標高7,048m）、M3：ノジンカンツァン山（標高7,191m）。

R1〜R6は調査した河川、いずれも名称不詳。

Murakami *et al.*（2012）を改変して転載。

だが、温泉がわく宿を紹介され、そちらに泊まることにした。温泉宿の辺りは地熱を利用する発電所もあり、あちこちから湯気が立ち上っている。宿には温水プールもあり、各部屋に湯船を備えている。鉄泉で赤錆色の湯だ。標高三〇〇〇メートルを超える高地のプールで泳いでみたいが、速足で歩くのにも息を切らすほどの高度馴化の段階なので大事をとってあきらめ、部屋の風呂で温泉気分を味わう。

南のノジンカンツァン山（標高七一九一メートル）は、数々の紀行文に現れる要衝《ようしょう》カロー峠（卡惹拉）の北に聳《そび》えている。ラサからは、南に走り、ヤルンツァンポ川を渡り、ヤムドク湖（羊卓雍錯）を過ぎ、西に入る。カロー峠には氷河見物の観光客も多い。ここでは、氷河湖（**図2-5**）や氷《ひょう》食谷《しょくこく》（U字谷）、モレーン（氷堆石《ひょうたいせき》）などの特徴的な氷河地形を見ることができる。

氷河湖

氷河湖は、氷河に削られた谷に水がたまったり、氷河に運ばれた石によって造られた堤のせき止めによってできる。カロー峠の氷河湖は、道路からはずれているため歩いていかなければならない。観光客の姿もなく、静かな所だった。谷底地形なので、目に入るものは空と氷河、岩壁、草がわずかに生えている礫の斜面だけだ。

人の生活と隔絶したような氷河湖も、地域の災害対策の課題となる時代になった。温暖化により、氷河湖に水を供給する氷河の融ける速度が大きくなると、堤が耐えられる以上に貯水量が増し、決壊する可能性が出てくるためだ。「氷河湖決壊洪水」については、ヒマラヤ周辺の各地で、調査と対策が進められている。

図2-5　氷河湖

上：流入口付近。氷河に削られた氷食谷に水がたまってできたようだ。

下：流出口付近。

融ける氷河と水位の上昇

広い中国をたった一つの標準時間に統一したため、中国標準時の八時、すでに北京では明るくなっている時刻になっても、西のチベットではまだ暗い。観測はこのころから始める。

R4河川の調査の様子は、こんなふうだ。

宿をとったナンカルツェ（浪卡子）の町からカロー峠に着くころ、ようやく物が見えるほどの明るさになる。峠から、頂《いただき》が氷河に覆われたノジンカンツァン山の南壁を臨むことができる。氷河から融け出した水は、幾筋かの流れとなって壁面を下る。朝まだ薄暗いころは流れは細く本数は少ないが、午後ともなると流れの筋は太くなり、本数も増す（図2-6）。私たちは、氷河の末端から四キロメートルほど下った場所で観測をしていたのだが（図2-4のR4河川）、時間の経過とともに水嵩《みずかさ》が少しずつ増していくのが、三〇分ごとの水位観測でわかる。朝一〇時三〇分の水位にくらべると、四時間後の一四時三〇分には一〇センチメートルも上昇していた。これはわずかな量の増加ではない。流量を測ると、〇・二九㎥（立方メートル）／秒から〇・七四㎥／秒と、二倍以上に増えている。家庭用の浴槽の容量は約〇・三立方メートルが標準的だから、一秒間に流れる水が湯船一杯分増えたことになる。朝のうちは一跨《ひとまた》ぎで越えられた沢の川幅も広がっている。

水位の上昇は、他の調査河川でも同様であって、一時間に七センチメートルも水位が上がった川もあった（R2河川、図2-7）（図2-8）。水位の上昇が始まる時間帯は、氷河の末端から観測場所までの距離に応じて、氷河に近いところほど早く、先ほど紹介した四キロメートル離れた川（R4河川）では一一時ごろから水位が上がりはじめるが、氷河から一一キロメートル離れた川（R1河川）では

図2-6　ノジンカンツァン山南壁の流れ
左：午前、右：午後。
午後になると水路の幅が広がり、本数増えていることがわかる。Murakami *et al.*（2012）より転載。

図2-7　氷河を源にもつ河川の午前（左）と午後（右）の様子
R2河川で、それぞれ11:00と18:30に撮影。Hayashi *et al.*（2013）より転載。

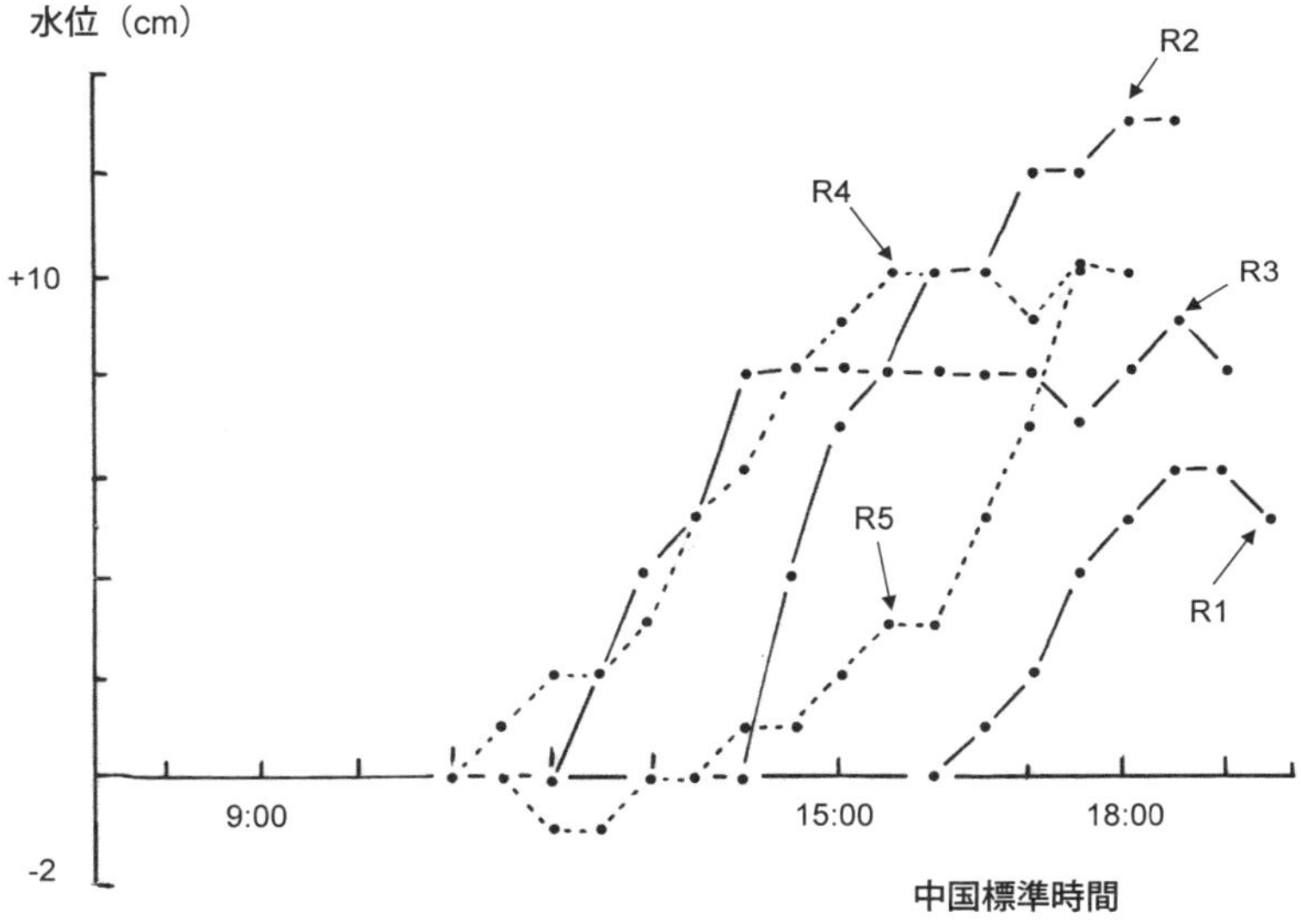

図2-8　調査した河川での水位の変動
水位（cm）の変動は、調査開始の時刻の水位からの相対的な変化として示した。R6河川は、水位の変動がまったくなかったため、図では省いてある。2010年8月調査、Murakami *et al*.（2012）より転載。R1〜R5の位置については、図2-4参照。

一六時ごろからやっと水位の上昇が始まる。

水温と濁りの変化

水位とともに水温も上がる。明け方に五℃ほどだった水の温度は、水位が上がりきった時刻には一五℃にも達する。生物の活性、例えば光合成や呼吸の速度は、水温が一〇℃上がると倍になり、逆に下がると半分になることが知られている。一〇℃の水温の日変化は、大変な影響を川の中の生物の世界に与えることだろう。水中の酸素濃度が水温に依存することは、第一章でも話した。水温が上がることによって酸素は水中から追い出され、濃度は低下する。さらに、

濁度（NTU）

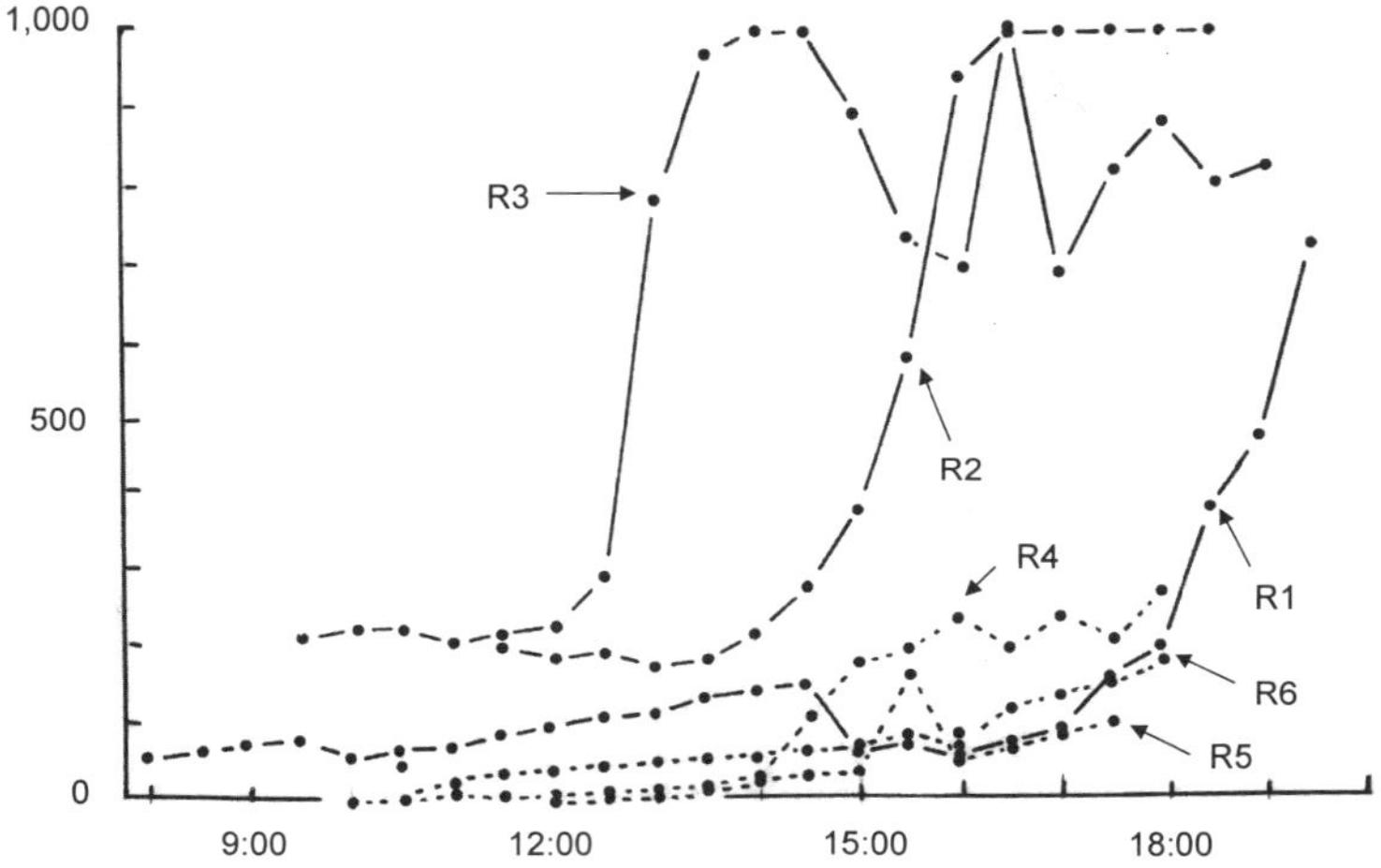

中国標準時間

図2-9　調査した河川での濁度の変動

濁度の単位（NTU）は比濁計濁度単位。濁度計の校正に、ホルマジンと呼ばれる濁り物質を使った場合の濁度単位。2010年8月調査、Murakami *et al.*（2012）より転載。R1～R6の位置については、図2-4参照。

水中の動物の呼吸速度が上がれば、酸素不足は増々ひどくなる。場合によっては、魚類や水棲昆虫が耐えられなくなるほど酸素濃度が減少することがあるかもしれない。

最も顕著な水質変化は、濁りの増加だ。朝のうちは透明だった水は、増水とともに濁りを増してくる（**図2-9**）。濁りの程度を濁度と呼ぶ。カオリン（陶土）一〇〇〇分の一グラム（一ミリグラム）を一リットルに混ぜた濁りが、一度の濁度と定義される。増水した水の濁度は一〇〇〇度にも達する場合もある。私たちが持って行った観測計器では一〇〇〇度以上の濁度は測れなかったため、実際はそれ以上の濁りが含まれていたかもしれない。定義にしたがえば、一リットルの水中に濁りの原因となる粘土が、一グラム以上も含まれることになる。

白い濁りは氷河から流れてきた粘土によるものだ。観測地付近の川辺の黒い土由来ではないことは、その色から判断できる。粘土よりも大きい砂粒も大量に流れる。虫を捕るための二五センチメートル幅の網を川底に置くと、網の中に砂が大量にたまる。多い所では、一〇分で三〇〇ミリリットルほど、重量にすれば約七〇〇グラムもたまる。このような濁った水では、わずか一〇センチの深さでも川底は見えなくなる。光合成に十分な光は底まで届かないだろう。

粘土のように水に溶けず粒子として浮遊している物質は濁りとして測定できるが、水に溶けこんだ物質、例えば塩分などは、水の電気抵抗の逆数である電気伝導度を測定して推定する。日本の汚染のない渓流での伝導度は五mS（ミリジーメンス）／m程度だが、汚染した街中の川では一〇～二〇mS／mに達することもある。私たちが調査した河川での伝導度の値は四～一〇mS／m、例外的に五〇mS／mと値が高い河川もあった（R6河川）。低い伝導度の水は、混じりけの少ない氷河の氷が融けたものだろう。

チベットでは北や西に行くにしたがい降水が少なくなり蒸発が卓越するため、塩分が濃縮され、高い電気伝導度の川や湖が多くなる。ラサ以北、以西の過去の観測資料を見ると、一〇～二〇mS／mの値が普通だ。五〇mS／mの極端に高い伝導度の川は、河畔に残された多量の家畜の糞から、放牧による汚染も考えられる。屎尿《しにょう》は塩分を含んでいるためだ。水温や濁りの経時的な変化は著しいが、伝導度はほぼ一定の値が一日中続く。

氷河の縮小

選んだ六つの河川は、あらかじめ地図からその上流に氷河があることを確認していたのだが、一つの川（R６河川）では、水位の変動はほとんど観測されなかった。これは、私たちが使った地図に問題がある。中国は詳細な地形図を公開していない。唯一使えるのは、一九八〇年代に旧ソビエト連邦が作った二〇万分の一縮尺の地形図だ。この地図に記されている緯度や経度と、現在の人工衛星を利用した位置測定（ＧＰＳ）の値を比較すると、若干のずれがあることがわかる。さらに、三〇年前の地図であるため、現実の地形と対照させると、氷河の分布の様子が異なる。概ね、現在よりも古い地図のほうが、氷河は広く分布しているように表されている。これは地図の誤りではなく、近年の温暖化による氷河の縮小かもしれない。水位の変動が見られなかった河川では、その上流の氷河が消滅したか、または大幅に縮小したに違いない。

その確認は現地で簡単にできた。今や、チベットの小さな町の宿でも、インターネットを利用できる。衛星からの地形画像を検索し、問題の河川の上流の拡大画像から氷河の消失を確認することができた。何のための地図非公開なのか。機密は隠しにくい時代になっている。

有機物が供給される経路

魚や昆虫などの河川中の生物は、河川の中の有機物を食べて生活している。餌となる有機物は、河川の中で生産された水草や、もっと簡単な体の造りの小さな藻類などの植物のこともあるし、河川の外から供給される落葉や、水に落ちた陸上の昆虫が利用されることもある。人の捨てた野菜屑なども

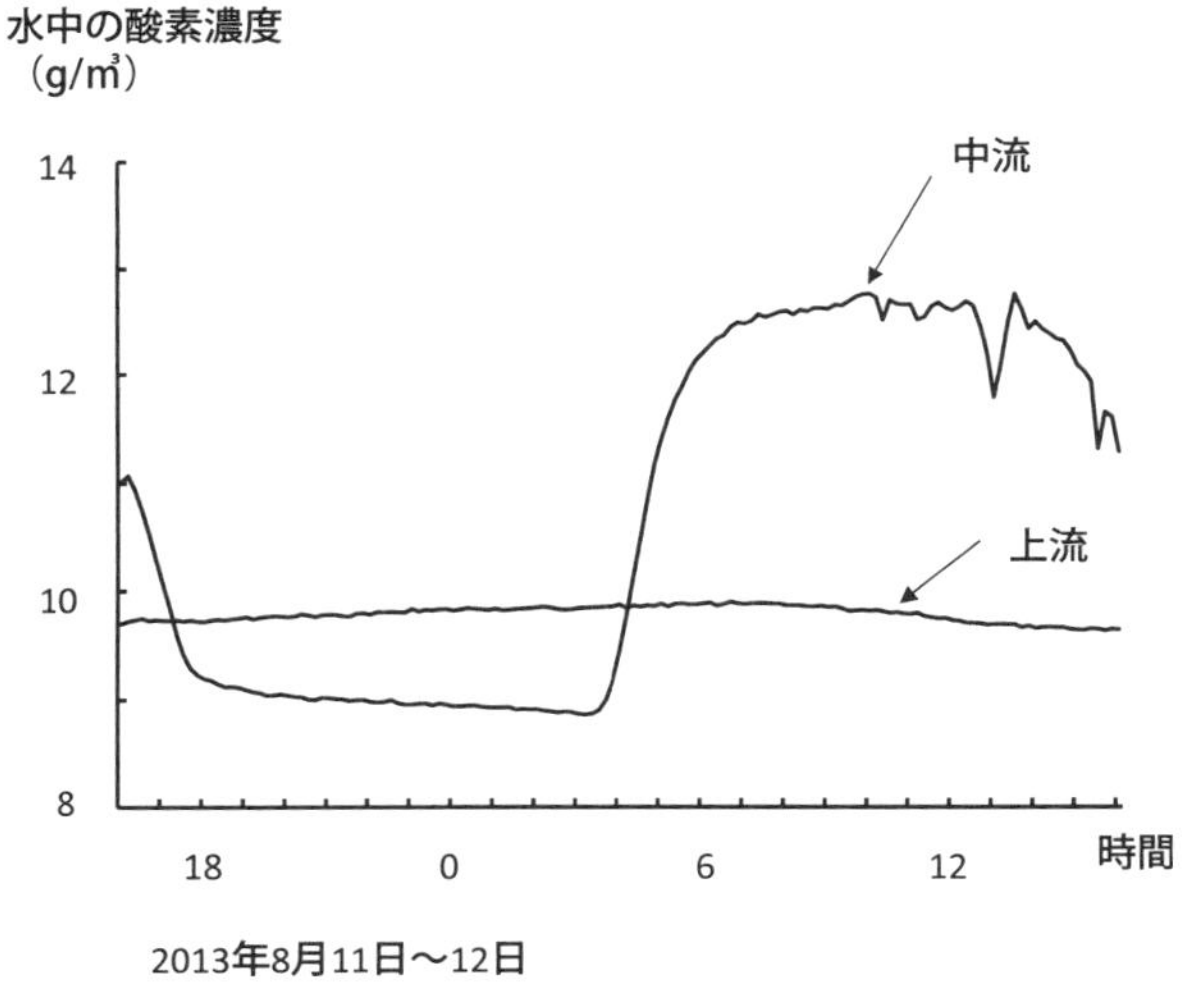

図2-10　日本の川での酸素濃度の日変化の測定例

2013年8月、宮城県水戸部川で測定。「上流」は樹木に覆われた渓流部で、「中流」はよく日の当たる平瀬で測定。

餌資源となる。

日本の川の多くは、森に覆われた上流部の渓流では落葉が、河畔林が後退して開けた河原が発達する中流域では、川の中の付着藻類が餌としてのおもな有機物源となる。このことは、付着藻類の量や、落葉の供給量を測定してもわかるし、魚や水棲昆虫の消化管の中身を取り出して顕微鏡で観察しても確かめることができる。最も簡単な方法は、水中の酸素濃度の日変動を調べることだ。付着藻類の生産が有機物供給のおもな経路となっていれば、光合成の結果、日中には酸素濃度が著しく高くなる。一方、落葉がおもであれば、酸素濃度の日変化は小さい（**図2-10**）。

河川水中の生産が小さな氷河河川

では、チベットの氷河を源とする川はどちらの型だろうか。川の中の礫を取り上げてみる。よく日が差す瀬の礫には、緑や茶色の付着藻類が膜のように貼りついているのが、日本の河川での常識だ。ところが、氷河河川の流れの速い場所では、磨かれたように何もついていない。砂や粘土を含む激しい流れにより、礫の表面は鑢《やすり》をかけられたような状態になり、付着藻類の膜が発達することはないのだろう。また、速い流れでは小さな礫はしょっちゅう転がり、これも藻類がつかない理由と考えられる。

一方、淀みでは、礫は粘土に覆われている。ひょっとすると藻類もついているのではないかと思い、一部をはぎ取り、有機物含量を測定してみたが、有機物の割合は小さく、ほとんどが細砂と粘土からできている。汀《みぎわ》の流れが緩く浅い場所の砂の上には、ごく稀に膜状や糸状の藻類の塊が見られる。持ち帰り顕微鏡でのぞいてみたら、緑藻類のパルメラ科と、藍藻類のオシラトリア科（ユレモ）の一種だった。これらの藻類も、水嵩が増える午後になれば、光合成による生産はできなくなるだろう。濃い濁り水が光を遮るためだ。

また、水中の酸素濃度は、日が昇り、光合成に十分な光が差しても、ほとんど増加しない。それどころか、時間が過ぎ、太陽の光で水温が上がるにつれ、濃度は下がってくる。水温が高ければ高いほど、一定量の水に最大限含まれる酸素の量が減少するためだ。例えば、午前中の五℃の水が最大含むことができる酸素濃度は一二・七〇g／㎥だが、午後の一五℃の水は九・七六g／㎥にすぎない。水温が上がれば、水に溶けきれない酸素が空中に追い出されるために、水中の酸素濃度が低くなるのだ。

ともかく、礫につく藻類の観察や、酸素濃度の日変化からは、水中での有機物の生産はほとんどないと考えてよいだろう。

氷河河川の生物

氷河に棲む虫

雪と氷の世界であっても、氷河はまったくの無生物地域ではない。藻類や、ユスリカ（双翅目）、トビムシ（粘管目）などの昆虫類が生息していることはすでによく知られている。私たちが調査した氷河を源とする河川でも、冷たい水の中で水棲昆虫が生息していることが確かめられた。

水棲昆虫の密度を調べるためには、二五センチ×二五センチの方形枠がついた網（サーバー・ネット）を使う（**図2-11**）。流れのある川底に方形枠を置き、枠内をかきまわして、生物をすべて網に流しこむ。網の中の虫を数えて、その値を一六倍すれば、一平方メートル当たりの昆虫の生息密度が推定できる。もちろん、現地ではゆっくり虫を眺める時間はないため、網に入った虫やゴミはすべてアルコール漬けにして持ち帰り、後日、仕分けしたり数えたりする。

その方法で虫の密度を推定したところ、ほとんどの地点で、一平方メートル当たり二五〇〜三五〇匹の虫がいることがわかった。種類は、カゲロウ（蜉蝣目）、カワゲラ（襀翅目）、トビケラ（毛翅目）、カやハエの仲間（双翅目）など多様だった（**図2-12、表2-1**）。しかし、氷河の末端に最も近い

図 2-11　水棲昆虫の採集

流れの中に置いてある四角い網は流下する水棲昆虫を受ける流下ネット（a）、岸辺の黒い蚊帳のような網は、羽化した水棲昆虫の成虫を捕らえるためのマレーゼ・トラップ（b）、その他、川底の水棲昆虫を定量的に採集するためのサーバー・ネット（c）も持って行った。河畔に座っているのは、水棲昆虫の調査を担当した林裕美子隊員（てるはの森の会）。中央は、子を背負った羊飼いの女性。調査をしていると物見高い人たちが集まってくる。

Ｒ４河川では、一平方メートル当たりわずかに一〇匹、種類もカワゲラが一種類だけにすぎなかった。水棲昆虫の種類の豊富さは、氷河から離れるにしたがい増すようだ。このことは、ヨーロッパやニュージーランドの氷河でも確かめられている。

見つかった昆虫の中には、「ヒマラヤ」の名前を冠した種類もいる。Ｒ２河川で採集された *Himalopsyche*（ヒマロプシケ）と名づけられたトビケラの仲間だ。日本にも近縁な種類のオオナガレトビケラ（*Himalopsyche japonica*）が水の冷たい渓流に生息しているが、それとくらべると、チベットで採集された個体は、糸

図2-12　氷河を源にもつ河川の水棲昆虫
左：*Himalopsyche*（オオナガレトビケラ）属。
右上：カワゲラ（積翅目）の脱皮殻。
右下：ブユ（双翅目）の幼虫と蛹。

状の鰓《えら》がよく発達している。
　昆虫以外の水棲動物では、小さなイトミミズがたくさん採集された。日本の川でよく見る貝やカニ、ヒルなどの生物はまったく見つからなかった。

『北越雪譜』の雪蛆《せつじょ》

　日本の雪渓でよく知られているのが、双翅目のユスリカ科と積翅目（カワゲラ）だ。江戸時代に書かれた雪国の博物誌『北越雪譜』にも、それぞれの種類の成虫が、「雪蛆」（雪中の虫）として絵入りで紹介されている。どちらの分類群もたくさんの種類を含むので、チベットの河川で採れた個体と北越雪譜に載せられたものとは、同

表 2-1　氷河河川の水棲昆虫の種類組成

	FFG	R1	R2	R3	R4	R5	R6
昆虫							
蜉蝣目							
マダラカゲロウ科	(c)		2				
コカゲロウ科	(c)	55	61			64	67
ヒラタカゲロウ科	(sc)	9		4		5	2
積翅目							
アミメカワゲラ科	(p)	1				1	
カワゲラ科	(p)						2
ミドリカワゲラ科	(p)						2
オナシカワゲラ科	(sh)		1		100	3	
半翅目			1				
毛翅目							
ナガレトビケラ科	(p)		1				
コエグリトビケラ科	(sc)	5				1	
双翅目							
ブユ科	(c)		10	2		18	2
ユスリカ科	(c,p)	26	23	90		4	19
アミカモドキ科	(sc)	1	1				
他の科に属する双翅目		2	1	2		4	7
昆虫以外の水棲動物							
蜘類		++					
鰓脚類		++					
渦虫類		+				++	
ハリガネムシ類						+	
貧毛類		+++		++	+++	++	++

FFGは、どんな方法で餌を得ているかを示す。
(c)：細かく砕かれた有機物の破片を集めて食うもの、(sc)：礫に付着した藻類を食うもの、(sh)：落葉を食うもの、(p)：肉食のもの。
表中の数字は、採集されたすべての水棲昆虫の総数を分母とした場合の百分率。昆虫以外の水棲動物は、柔らかい体のため標本が破損したり、ごく小さかったりするため数え難く、おおよその密度を示した。+：1〜10/m^2、++：11〜100/m^2、+++：100/m^2以上。

コカゲロウ科、ヒラタカゲロウ科には、それぞれ、少なくとも4種類、3種類が含まれる。

鰓脚類とは魚の餌にするブライン・シュリンプの仲間、渦虫類、貧毛類は、それぞれプラナリアやイトミミズと呼ばれる水棲生物のこと。Murakami *et al.* (2012) を簡略化して転載。

種ではないだろう。江戸時代の百科事典の『和漢三才図会』にも、雪蛆（雪蚕《せっさん》：雪中のかいこ）が載っている。こちらも、万年雪の山に生じると説明されているが、姿は芋虫のようで別種のようだ。スキー場のゲレンデでも、少し気をつければ雪面を歩きまわるカワゲラの成虫を見ることができる。

氷河に最も近いR４河川でもカワゲラが採集されているし、ユスリカもR４河川を除く川で共通に見られる。これらの昆虫は、特に低水温を好む種類なのだろうか、それとも他種との競争を避けて、あえて棲みにくい環境に耐える生活を選んだのだろうか。

虫は何を食べているか？

水棲昆虫の生息密度はさほど高くはないが、厳しい環境の氷河河川とはいえ絶無ではない。一方、それらの餌となる有機物の生産は貧弱なものだ。いったい虫は何を食べているのだろうか。

一九七〇年代からの新しい河川生態学は、魚や水棲昆虫にとっては、川の中で付着藻類により生産される有機物よりも、河畔の森林からもたらされる落葉のような外部からの有機物流入がより重要であることを示してきた。しかし、調査した氷河河川が位置する五〇〇〇メートルの高度では、木はほとんど生えておらず、日本の渓流のように落葉で流れが埋まるようなこともない。したがって、落葉も餌とはなりえない。

河原の水溜りと河跡湖《かせきこ》の重要性

私たちは、河川の辺りに見られる水溜りや湿地が、有機物生産の場所ではないかと考えている。河原の水溜りはせいぜい一メートルほどの直径で、深さも三〇センチメートルくらいしかない。しかし、流れによるかき混ぜがないために濁りは沈殿し、透明な水を湛えている。その中には、キンポウゲの仲間の水草も生えているし、糸状の藻類も多い。安定した有機物生産の場所に思える。午後の増水が始まると、水溜りは川とつながり、植物の遺骸や糸状藻類の切れ端は川に流れ出す。水位の変動が大きい氷河河川では、定期的に水に浸かる河原や、その中に点在する水溜りも、川へ有機物を供給する場所として考えてもよいのではないだろうか。

季節的には、乾季の川から切り離された三日月湖、つまり川の屈曲部が本流から取り残されてできた池も、生産の場となるかもしれない。そのようにして川の流れの跡にできた浅い湖（河跡湖）には水草が繁茂し、肉眼でもわかるほど大量の浮遊藻類が発生して水が緑色に濁っている。光合成による炭酸消費と酸素生産のため、日中は酸素濃度も高く、pHはアルカリ性に傾く。有機物の生産が活発な池は、雨季になるとまた川とつながり、生産され湖底に蓄えられた有機物を川に供給するだろう。

水棲昆虫は、礫に付着した藻類を食うもの、落葉そのものを食うもの、細かく砕かれた落葉などの有機物の破片を集めて食うもの、肉食のものの四つに区別できる。虫の形や生活は何を食べているのかを示す良い目安になる。例えば、細かい有機物の破片を食べる種類は、前肢に毛を生やし、それを使って有機物の粒子をかき集めたり、流れてくる粒子を捕まえるための網を作ったりする。採集された水棲昆虫の口の形や近縁種の食性から、氷河河川の水棲昆虫の多くが、細かく砕かれた有機物の破片を食べているらしいことがわかった。例えば、R１河川では、食性がわからない種類も多いが、採集された水棲昆虫の五五パーセントの個体は有機物の破片を食べていることが明らかになった。その有機物がどこから供給されているかを確かめるのがこれからの課題だ。

ヤルンツァンポ川の大屈曲部へ——ラサからポミへの旅

二〇〇九年の七月、私たちは乾いたチベットから湿ったチベットへ、つまりラサから東に向かい、ヤルンツァンポ川の大屈曲部付近へ出かける機会を得た。この地を目指したキングドン-ウォードはヤルンツァンポ川ぞいの道をたどったのだが、私たちはラサ川を遡る北の道をとった。満足に水の調査や水棲生物の採集をする余裕もない大急ぎの旅だったが、気候帯を越えることが実感できたし、川の自然や利用の一端を知ることができた。

利水と治水

チベットと言えば、羊やヤクの放牧だけが主要な生業《なりわい》だと誤解されがちだが、もちろん農業も営まれている。調査場所への往復の車窓から見ただけだが、麦や菜種、各種の野菜が作られている。

二〇〇九年の調査では、ラサから東の大屈曲部への旅行とともに、南へ下り、インド国境へと続く道をたどる旅も計画していた。しかし、国境への旅行は許可されず、途中のギャンツェ（江孜）の町で足止めを食った。それが幸いし、町の近くにあるヤルンツァンポ川の支川のニャンチュ川（年楚河）では、農業用水の取水の様子を見ることができた。この川の流域が南チベットでも有数の農業地帯であることは、一九五〇年代にチベットを取材した記者、V・カッシスの旅行記にも書かれている。川ぞいの斜面に畑が作られているが、川よりもずっと高い位置にある。これは洪水から畑の流出を守る対策でもあるようだ。水は畑からすぐ下に見える川から汲み上げるのではなく、もっと上流から取水されて、川と平行に走る古い石造りの灌漑水路により、畑に導かれる（**図2–13左上**）。

この水路は、取水と配水の便を図るだけではなく、氷河由来の冷たい河川水の温度を上げる施設としても機能しているようだ。例えば、稲の成長に適した水温は、日本では二〇〜三〇℃と考えられている。ニャンチュ川の河川水温は、午後になっても一二℃と冷たいままだが、灌漑水路の水は二〇℃に達する。水路は浅く、底面には水草が生え、緩やかな流れとなっている。流れの途中に水路が広がった池のような施設もある。取水された水は、時間をかけて水路を流れるうちに、日の光で温められる。日本でも、冷たい湧水を水源とする際、「ぬるめ」「ひよせ」と呼ばれる迂回水路や小規模な溜池のような昇温施設が造られるが、川ぞいを流れる灌漑水路もそれらと同じ役割をはたしているようだ。場所によっては、麦畑に直接、河川水を引き入れる新しい水門も造られている（**図2–13左下**）。しかし、取水を容易にするための水位を一定にする堰などはない。もっとも、この激しい流れでは、小規模な堰などちょっとした増水ですぐに流されてしまうだろう。水位が下がる渇水期には、どのような工夫をするのかわからない。

ギャンツェ郊外で見た灌漑用の溜池も、水をある期間ためることによって水温を上げる効果が期待されているようだ。溜池表面の水温は、午後には二〇℃を超える。滞留日数はかなり長いようで、つまり水の交換が悪いため、池には植物プランクトンが大量に発生し、水は緑色に着色している。ラサの近郊の溜池では、池の中に養魚のための網が置かれていた。漢族との交流により、魚を食べる習慣も取り入れられつつあるようだ（図2―13右上）。

農業利水のための低水温対策は、日本でも古墳時代からその例が見られる。溜池も古いものは、奈良時代にまで遡ることができる。チベットの水利用施設も古くからの工夫だろう。しかし、水資源開発による大規模灌漑が始まれば、昇温もまた、別の方法で大規模に行わなければならない。

ほとんど人気《ひとけ》のない地域を流れる川では、自然現象としての洪水は起こるかもしれないが、人の生活を守るための水害の対策は、多くの場所では未だ必要とされていないようだ。コンクリートによる護岸の整備は、鉄道や主要な道路にそって稀に見られるにすぎない。それも、高い堤防が連続する日本の川のような治水ではなく、要所に石積みを出す方式をよく見かけた。流れに突き出した石積みは川の流れの勢いをそぎ、突き出した側の岸が護られる。この大規模なものは、日本では木曽川（岐阜・愛知県）や淀川（京都・大阪府）に明治時代に造られたものが残っており、ケレップ水制と呼ばれている。ケレップという言葉自体、水制を意味するオランダ語が起源らしく、どうしてこんな奇妙な通称になったかはわからない。木曽川にはもっと古い江戸時代の小規模なものもあり、「猿尾」と呼ばれる。猿尾は丸石を積んだものだが、新しくできたチベットのものは、切石をきっちりと積んで作られている（図2―13右下）。

河畔砂丘

ヤルンツァンポ川は、いつ見ても濁っていて大量の土砂を運んでいる。中洲や水際の浅い部分には、

右上：ラサ近郊の溜池。養魚用の網が置かれている。
右下：パロンザン川の護岸のための石積み。

図2-13　利水と治水の施設

左上：石造りの灌漑水路。

左下：ニャンチュ川に造られた取水口。

ヤナギのような灌木が生えている。丈が揃っているが、まさかわざわざ植えたのではないだろう。河川内の灌木は洪水時に水位を嵩上げするため、日本では伐採されてしまう。土砂の一部は河岸に堆積し、砂丘を作る。砂丘は潮の流れや風の力で海岸にできるのが一般的だが、広い河川敷があり、一定方向に強風が吹く場所では、川にそって形成されることもある。日本では利根川（茨城・千葉県）や木曽川の砂丘群が有名だったが、河川の整備により残っている河畔砂丘はほとんどない。ヤルンツァンポ川では、ラサ川が合流する付近でその姿を見ることができる（**図2-14左上**）。

湿ったチベット

東経九二度付近のラサ川の分水嶺（ミ峠）を東に越えたあたりから、森の姿が目立つようになる。ラサから走り続けて二日目、ニンティ（林芝）の中国科学院の観測所に宿をとる。この施設は山の上にあり、町からの道は森の中を通っている。サルオガセがぶら下がる深い森で、乾燥したチベットとはまったく異なる景色だ。雨が多いことは、観測所の裏手の小川で電気伝導度を測った時も実感できた。なんと三㎳／mだ。ラサ西部、北部の乾燥した地帯では、蒸発による塩分の濃縮のために一〇〜二〇㎳／mであることと比較すると、この地域の多雨がよくわかる。朝霧がまだ晴れない早朝に、露が降りた草原を歩いていると、日本のどこかの高原にいるように錯覚する。

大屈曲地帯

ニンティを過ぎ、ヤルンツァンポ川の支川、パロンザン川（帕隆蔵布川）流域に入ると谷はさらに深く山は険しくなり、森の緑も濃さを増す（**図2‐14右上**）。この辺りは海抜高度は三〇〇〇メートル以下で、ラサで苦しめられた高山病の症状はまったくなくなる。道端には果物を売る店も出されている（**図2‐14左下**）。

約一〇〇年前、キングドン‐ウォードは、大屈曲部の険しい地形を、未だ造山運動が盛んなためであって、そのため崖崩れなどによって交通が妨げられると書いている。現在でも事情は変わらない。川ぞいの道は細く未舗装だが、交通量は意外に多く、ちょっとした事故で車の渋滞が始まり、解消には何時間も要する。

この旅の途中のいくつかの川で、簡単な水質調査と川虫採りを行った。サーバー・ネットを使った定量的な採集ではないが、時間の許す限り虫を探した。濁度が上がるにつれ、採集できるカゲロウ、カワゲラ、トビケラの種類数は減少する。概ね濁度が六〇度を超えると、これらの昆虫はまったく採集できない（**図2‐15**）。

ポミ付近のパロンザン川とそのいくつかの支川は水の流れも速く、泥の濁りもはなはだしい（**図2‐14右下**）。濁度が三〇〇度以上のところもあり、水棲昆虫などはほとんど採集できなかった。

虫取りをするのに最適な採集場所は、旧河道の跡にできた河跡湖だ。二〇万分の一地形図には載らないほどの小さな池だが、湧水もあり、水は澄んでいる。水草や、魚、貝、蛙などの水棲動物が採集できた。虫取りは仕事だが、虫がほとんどいない濁った水の中でやるよりも、きれいな水に入り多様な生物を追いまわすほうがずっと面白い。この池の虫取りで半日楽しんだ。

よく見かけたのは、タニノボリ科に属するドジョウのような魚だ。この魚は、胸鰭《むなびれ》が水平に伸びた

右上：ポミ付近のパロンザン川。
右下：ポミ付近の川の様子。泥濁りがはなはだしく、岸も泥で埋まっている。

図2-14　ラサからポミへの道中

左上：ヤルンツァンポ川の河畔砂丘。

左下：道端の果物売り。右の男性は、現地調査に同行してくれた中国科学院の王君波さん。

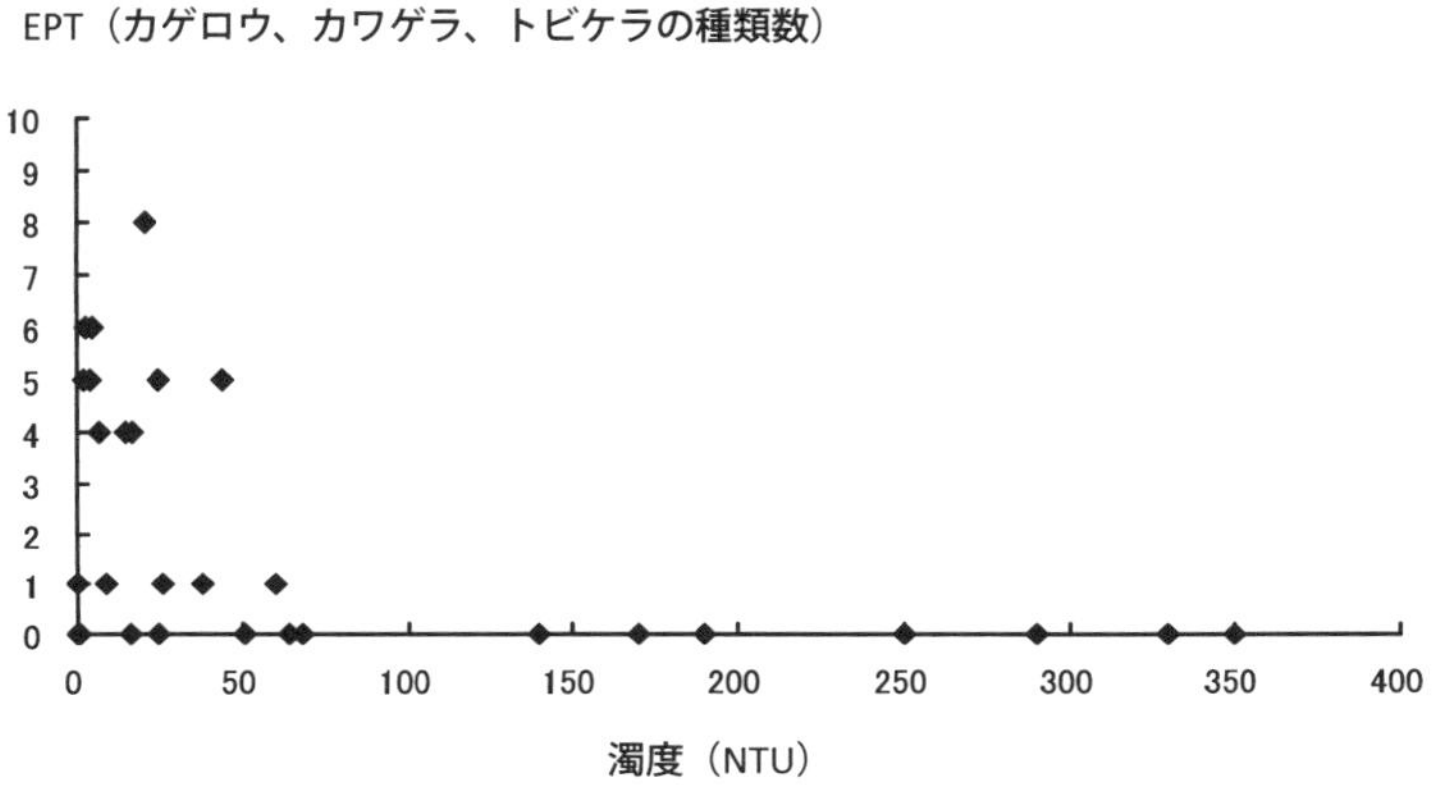

図2-15　川の濁度と生息している水棲昆虫の種類数（EPT）
採集時間は各地点とも約1時間。水棲昆虫の種類数は、種の区別が難しいカやハエ類などを除き、カゲロウ（**E**phemeroptera）、カワゲラ（**P**lecoptera）、トビケラ（**T**richoptera）の種類数（EPT）として表示してある。

独特の姿をしている。体の模様からは何種類かいるように思える。氷河河川として紹介したR6河川の傍の水溜りでも採集された（**図2-16右上**）。流れの速い河川では、魚の姿は見られなかったが、魚の食痕《はみあと》を見つけた。食痕とは、魚が礫についた藻類を食い取った痕で、日本の川の中流部ではアユがつけたものがよく見られる。アユの食痕は柳葉状だが、チベットの川で見たものは、礫上の藻類が四角くはぎ取られていた（**図2-16右下**）。

チベットの川のこれから

自然の美しさや荘厳さを理解するためには、氷河との対面がよい経験の一つになるだろう。米国の自然保護の父とされているJ・ミューアの活動のきっかけとなったのは、シエラの山々

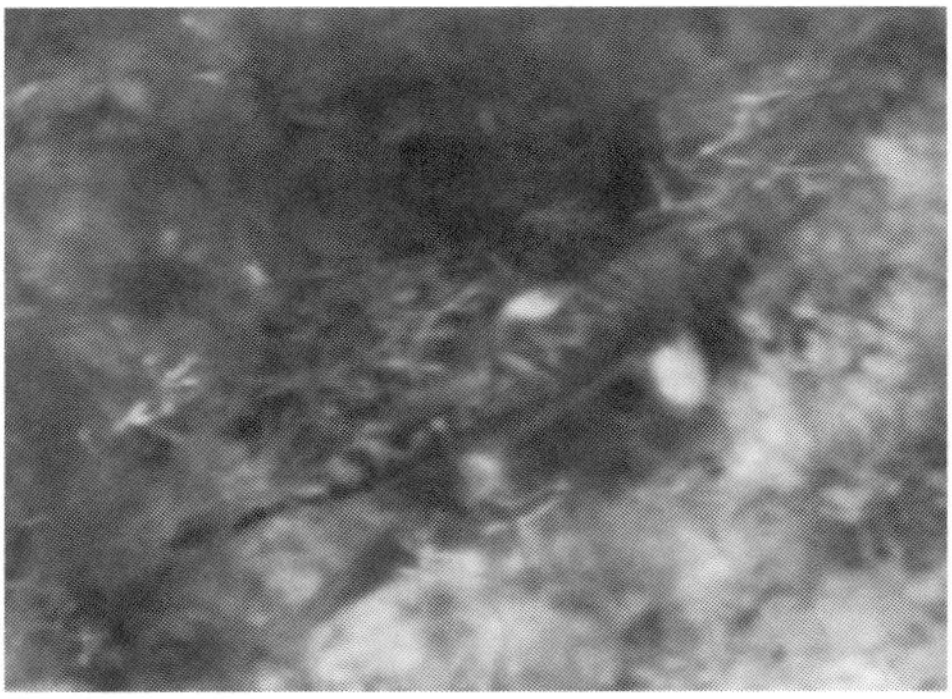

図2-16　チベットの水溜りで捕らえたタニノボリ科の魚と、河川中に見られた食痕

左：ニンティ付近の河跡湖で採集したもの。
右上：R6河川の傍の水溜りで採集したもの。
右下：河川で見られた四角い食痕。

の氷河との出会いだった。そのことは日本の登山の草分け時代から紹介されており、すでに日本では見られなくなった氷河への憧れは、海外の遠征登山の動機の一つとなったことだろう。

しかし、手つかずだと思われているチベットの氷河とそこから流れ出す河川の姿は、早晩変わる可能性が大きい。少なくとも私たちがめぐった氷河地域では、一九八〇年代に作られた地形図とくらべると、氷河の覆う範囲は幾分か縮小していた。氷河を源とする河川も、今のままの姿をとどめることは難しいだろう。氷河の後退とともに、人の水利用の促進も、豊富な水が流れる河川の姿を変える。調査旅行で見た新しい数々の流量観測施設は、この地域が重要な水源地帯として注目されつつあることを示している。

チベットからの淡水の流出量は、毎年六〇〇〇億立方メートルと推定されている。これは、二〇〇八年ごろの統計資料によれば、中国の首都、北京の年間水消費量の六〇〇倍にもなる。チベットを源頭域としたアジアの大河川は一〇本もあり、その多くは複数の国を通過する国際河川だ。源頭の中国は、水利用のために統治権の原則、つまり水源をもつ国の水利用の権利を主張するだろうし、下流の国々は、昔から優先的に使ってきた実績を理由として対抗するだろう。いずれライン川やメコン川のように、管理のための国際的な委員会で解決すべき課題になるに違いない。

第三章　チベットの植物

南　基泰

高山帯で生き抜くための特異な形態——チベット南部

おもな調査地となったチベット南部は、八月でも雪が降り、寒風に震えるような寒冷乾燥した地域だった。その一方で、標高四〇〇〇メートルを超える高山帯であるため紫外線は強く、加えて北緯三〇度付近という日本の沖縄に匹敵するような低緯度だったことから日差しは亜熱帯なみだった。そのためチベット南部に生育している植物は、この特殊な高山環境に適応するためにさまざまな形態変化をとげている。

チベット南部の植物は、分類群でいう属レベルでは、この地域固有の植物は稀である。調査中に、出会ったほとんどの植物は日本にも同属植物が生育しているから、属名ならば比較的容易にわかる。日本に自生している植物なら、属名にも種名にも和名があるが、本章で紹介する植物には、和名記載できないものも多く含まれている。そのため、ラテン語で記載されている学名で、植物を紹介していく必要がある。本章では属名や種名に和名があるものは、それを採用し、和名がないものは、ラテン語の学名（属名もしくは種小名）をカタカナで記載した。

シノ・ヒマラヤ――ユーラシア東部の植物種分化の中心地

チベット南部は植物地理学（植物の分布や植生の成立要因などを地史的・進化的に研究する自然科学の一分野）では、シノ・ヒマラヤに区分される。ヒマラヤは、地理学的には西はインダス川、東はヤルンツァンポ川（雅魯蔵布江）（下流はブラマプトラ川）の二つの大河に囲まれた標高七〇〇〇メートル以上の高峰が連続する山脈群の総称である。しかし、植物地理学では、ヒマラヤの範囲を地理学よりも大きくとらえており、グレート・ヒマラヤ（一般にヒマラヤと呼ばれているパキスタン、ネパール、インド、ブータン、中国まで連なっている山脈）だけでなく、北側のトランス・ヒマラヤ山脈（グレート・ヒマラヤ北部に並行して連なるガンディセ山脈）からニェンチェンタンラ（念青唐古拉）山脈やパキスタン北部のカラコルム山脈を含め、西側はアフガニスタンの東端部から東はミャンマー北部やサルウィン川（怒江）の上流域に至る範囲としている。

この植物地理学的にとらえたヒマラヤの中でも、インダス川東部から中国の横断《おうだん》山脈周辺までの地域をシノ・ヒマラヤと区分し、湿潤なユーラシア東部の植物種が分化した中心地としている。そのため、日本国内に生育する植物と同じ属が多く、標高五〇〇〇メートル前後で調査していても、そこに生える植物の多くが属レベルで判別できる。しかし、その一方で日本国内では観察できないような特殊な形態変化をとげた植物に出会うこともある。起源が異なる種であるにもかかわらず、形態的に類似している。このように種が異なっているにもかかわらず、同じ環境下で生育しているために似た形態となる進化を、収斂進化《しゅうれんしんか》という。日本でも海岸に生育する植物が、種が異なっているにもかかわらず、乾燥防止のために葉や茎が肉厚になったり、強風や砂の流動に適応して草姿《そうし》が匍匐《ほふく》型になった

図3-1　トウヒレン *Saussurea bracteata*（キク科）
左：全草の外観。淡紅色の舟形の苞葉が頭花をゆるく包んでいる。
右：苞葉を開くと、濃紫色の筒状花が密生している。
ギャツアの高山草原（標高4,848m）。

りするのと同じである。

温室植物

トウヒレン（**図3－1左**）は、淡紅色の舟形の苞葉《ほうよう》が頭花をゆるく包んでいる。苞葉は薄い和紙のように中身が透けて見え、ボンボリを連想させる。その苞葉を開いてみると、中には濃紫色の筒状花が密生している（**図3－1右**）。苞葉は頭花を包み、急激な温度変化を防いでいるといわれている。それに半透明なため太陽光は透過するが、有害な紫外線を防いでくれる。

このように生殖器官である花を葉で包む植物は、グレート・ヒマラヤの南側に生育するタデ科のセイタカダイオウ（**図3－2**）やシノ・ヒマラ

図3-2　セイタカダイオウ *Rheum nobile*（タデ科）
左：全草の外観。花序が苞葉に包まれている。
右：すでに結実している様子がわかる。
ブータンの氷河湖畔の岩礫斜面（標高4,252m）。

ヤ東部の横断山脈のアレクサンドラエ（**図3‒3**）などもあり、これらを温室植物と呼んでいる。
トウヒレンはヒマラヤの青いケシと呼ばれるホリドゥラ（**図3‒4**）と同様に、シノ・ヒマラヤの指標植物となっている。調査中、トウヒレン、セイタカダイオウやホリドゥラに何度も出会えたことから、私たちの調査地はシノ・ヒマラヤであったといえる。

小さきものたち

チベット南部では大半の景観が花々の華やかな彩りで飾られていないため、荒涼とした風景という印象を受ける。それは、

図3-3　アレクサンドラエ *Rheum alexandrae*（タデ科）
左：全草の外観。湿潤な高山帯に生育する。特に、シノ・ヒマラヤ東部の横断山脈に多い。セイタカダイオウと似ているが、根出葉の葉柄の有無、形で容易に区別できる。
右上：花序が苞葉に包まれている。
四川省甘孜蔵族自治州折多塘の氷河河川敷に成立した高山湿原（標高3,725m）。

ほんとうに花が咲いていないということもあるが、この地域の植物がどれも日本の同属植物と比較すると、非常に小型であるからでもある。そのため悪路を走る車窓からは、ほとんど咲いていることに気づかないし、仮に歩きだったとしても、よほど注意深く足元を観察していないと、開花している花であっても見逃してしまう。

日本の湿地に生えるウメバチソウ（ニシキギ科）の花茎は二〇センチ以上にも伸び、花の直径も二センチ程度になるので、初夏の湿地でよく目立つ。しかし、チベット南部で見かける同属植物のプシラ（**図3-5左**）は、

図3-4　ホリドゥラ
Meconopsis horridula（ケシ科）
別名ヒマラヤの青いケシ。ミ峠の岩屑斜面（標高5,013m）。

花茎がせいぜい二～三センチ程度にしか伸びない。確かに日本のウメバチソウにそっくりの白い梅に似た花をつけるが、その直径はわずか一センチほどなので、咲いていても気づきにくい。チベット南部は、他の高山帯や高緯度帯と同様に、植物の成長可能な期間が夏のわずかな期間しかない。そのため、短い期間で発芽、開花・結実までを終えなくてはいけない一年生草本の多くは、小型化したと考えられている。

息を吹きかけると開く花

日本のハルリンドウ（リンドウ科）を小型化したようなクラッスロイデス（**図3-5右**）も小さな植物の代表といえる。このリンドウは花茎の高さ二センチ程度で、株の直径も五センチ程度にしかならない。そのため、花茎が高さ一〇センチ以上にもなるハルリンドウ

図3-5　小型化した植物
左：プシラ *Parnassia pussilla*（ニシキギ科）。プマユム湖畔の高山湿原（標高5,035m）。
右：クラッスロイデス *Gentiana crassuloides*（リンドウ科）。プマユム湖畔の高山ステップ（標高5,138m）。

にくらべると非常に小さい。

ハルリンドウよりもはるかに小さいが、クラッスロイデスもハルリンドウと同じ性質をもっていた。天気のよい昼間は直径五ミリ前後の紫の花冠《かかん》が反り返るほどに開く。だが午前中の早い時間帯や夜間、それに雨や曇りの日は花冠を固く閉じている。ハルリンドウとまったく同じような開閉運動を繰り返すのだ。花粉が流されてしまう雨天や気温が下がる曇りには、花冠を閉じることによって生殖器官を保護していると考えられている。

一度、午前中の早い時間に花冠を閉じている株に出会ったので、両手で花冠を覆い、ゆっくりと息を吹きかけると、花冠を開いてくれたことがあった。このことを知ってから、花冠が閉じている株に出会うと、息を吹きかけ開花させてから写真撮影した。しかし、この行為は酸欠を覚悟しなくてはいけないので、あまり繰り返せなかった。

このように気温の変化に刺激されて花が開閉するのを傾熱性屈曲《けいねつせいくっきょく》といい、気温が上昇すると花弁の内側の細胞が外側の細胞よりも成長するために起こる現象だ。しかし、気温が下降すると反対の現象が起こるので閉じてしまう。このような傾熱性屈曲はチューリップ属（ユリ科）やフクジュソウ（キンポウゲ科）でも知られている。

虫を誘うパラボラ型の花

初春の短い間だけ開花する植物を、その短い花の命の儚《はかな》さを例えて、スプリング・エフェメラと呼んでいる。先に紹介した傾熱性屈曲をするフクジュソウも日本の代表的なスプリング・エフェメラである。直径三センチ程度のパラボラ型の黄色い花は、太陽光線を花の中心部に集め、頭上の昆虫を熱で誘引するので初春の虫の少ない時期でも受粉が成功する。フクジュソウと同じような働きをする花が、チベットにも咲いていた。

岩礫《がんれき》や砂礫《されき》などの乾燥地や高山ステップなどで見かけるサウンデルシアナ（**図3-6左**）は、黄色のパラボラ型の花をすべて上向きに咲かせていた。そして、種も花の形や色も異なるが、比較的湿潤な場所に生育するセンブリ（リンドウ科）の仲間のヒスピディカリックス（**図3-6右**）は、株の中心から放射状に伸ばした花茎の先端に、直径二センチ程度の小さなパラボラ型の花をつけ、虫を誘引していた。このように植物種に関係なく、花粉を媒介してくれる虫が少ない時期や場所で咲く花にパラボラ型が多いのは、子孫を残すための適応進化と考えられている。

図3-6　虫を誘うパラボラ型の花

左：サウンデルシアナ *Potentilla saundersiana*（バラ科）。プマユム湖上の島（高山荒原）（標高5,080m）。

右：ヒスピディカリックス *Swertia hispidicalyx*（リンドウ科）。プマユム湖畔の高山ステップ（標高5,021m）。

花茎を伸ばすことをやめた花々

日本の同属植物と比較すると、チベット南部の植物は小型で、草丈も低い。短い成長可能な期間に適応するため、一年生草本は植物体全体を小型化したが、多年生草本の中には花茎の伸長を極端に抑え、生殖成長期を短くすることによって適応している植物もある。

砂礫地などで見かけるインカルヴィレア（**図3-7左上**）は、日本でも庭木として栽植されているノウゼンカズラ（ノウゼンカズラ科）の仲間で、そっくりの花を咲かせるが、その咲かせ方が日本で見るものとまったく異なる。ノウゼンカズラはその名の通り、蔓をからませながら他の木などをよじ上っていく（カズラ：蔓性植物の総称）。しかし、このインカルヴィレアは、蔓などは伸ばさず、数枚の葉を地表に展開させただけで、地際から花を咲かせる。そのため、昆虫にとっては花が目立つのか、しきりに昆虫が出入りしている姿をよく見かけた。

また、スピキフォルメ（**図3-7右上**）は、常に崩壊しつづけているような斜面や礫地にだけ生えている。チベット南部を含めたヒマラヤに生育する同じダイオウ属（タデ科）は、どれも草丈が一メートル以上にもなる大型の植物なのだが（**図3-40**）、スピキフォルメだけは、草丈が数十センチ程度にしかならず、最も小型である。地上部は、花茎を伸ばさずにロゼット株の中央部から数本の総状花《そうじょうか》序《じょ》を直立させている。同じようにパキプレウルム（**図3-7左下**）や、ギルヴォストリアタ（**図3-7右下**）も花のみを地際から開花させ、生殖成長の期間を短く抑えている。

這いつくばる植物

花茎を伸ばさずに、地面にへばりついている利点は生殖成長期の短縮化だけではない。高山草原に多く生えているフロミス（**図3-8左上**）やミクロウラ（**図3-8右上**）は、花茎を伸ばすのをやめて、地表に張りつくようにロゼット葉（根もとから地表を覆うように展開する葉）を広げている。そして、花茎を伸ばすことなく、ロゼット株の真ん中に花をつけている。

このように花茎を伸ばすことをやめてしまった植物は、高山帯だけで特異的に見られるものではなく、世界中で見ることができる。例えば、日本でもセイヨウタンポポ（キク科）などが花茎を伸ばすことなく開花しているのを見かけることがある。また、アフリカからフィリピンまで広い分布域をもち、根茎はカレー粉の原料として用いられるバンウコン（**図3-8左下**）も、地表に二片のロゼット葉だけを広げている。

図3-7　花茎を伸ばすことをやめた花

左上：インカルヴィレア *Incarvillea younghusbandii*（ノウゼンカズラ科）。カルクサン山の山岳氷河サイドモレーン外側の礫帯（標高4,829m）。

右上：スピキフォルメ *Rheum spiciforme*（タデ科）。カルクサン山の山岳氷河サイドモレーン氷河側の礫帯（標高5,036m）。

左下：パキプレウルム *Pachypleurum nyalamense*（セリ科）。プマユム湖畔の高山草原（標高5,035m）。

右下：ギルヴォストリアタ *Gentiana gilvostriata*（リンドウ科）。ダムシュンの高山草原（標高5,131m）。

図3-8　這いつくばる植物

左上：フロミス *Phlomis rotata*（シソ科）。カムパ峠の高山ステップ（標高4,749m）。

右上：ミクロウラ *Microula tibetica*（ムラサキ科）。プマユム湖畔の高山ステップ（標高5,030m）。

左下：バンウコン *Kaempferia galanga*（ショウガ科）。タイ・コンケンの夏緑性落葉樹林帯林床（標高212m）。

このようにロゼット葉を広げ地表を占拠することによって、太陽光を最大限に受けることができるだけでなく、地中の養分を独り占めできると考えられている。それに、家畜の採食を免れることができる。ただ採食については、食べにくいからという理由以外にも、忌避物質を含んでいる可能性もあるので、植物の成分を分析してみないと断言はできない。

妖精の輪

乾燥した平らな砂地や細かい礫で覆われた地表には、ドーナツ状に生えている植物が転々と広がっていることがある。このドーナツ状になっている植物は、単子葉植物のイネ科（**図3-9左上**）やカヤツリグサ科（**図3-9右上**）が多いが、系統的にまったく異なる双子葉植物のウス

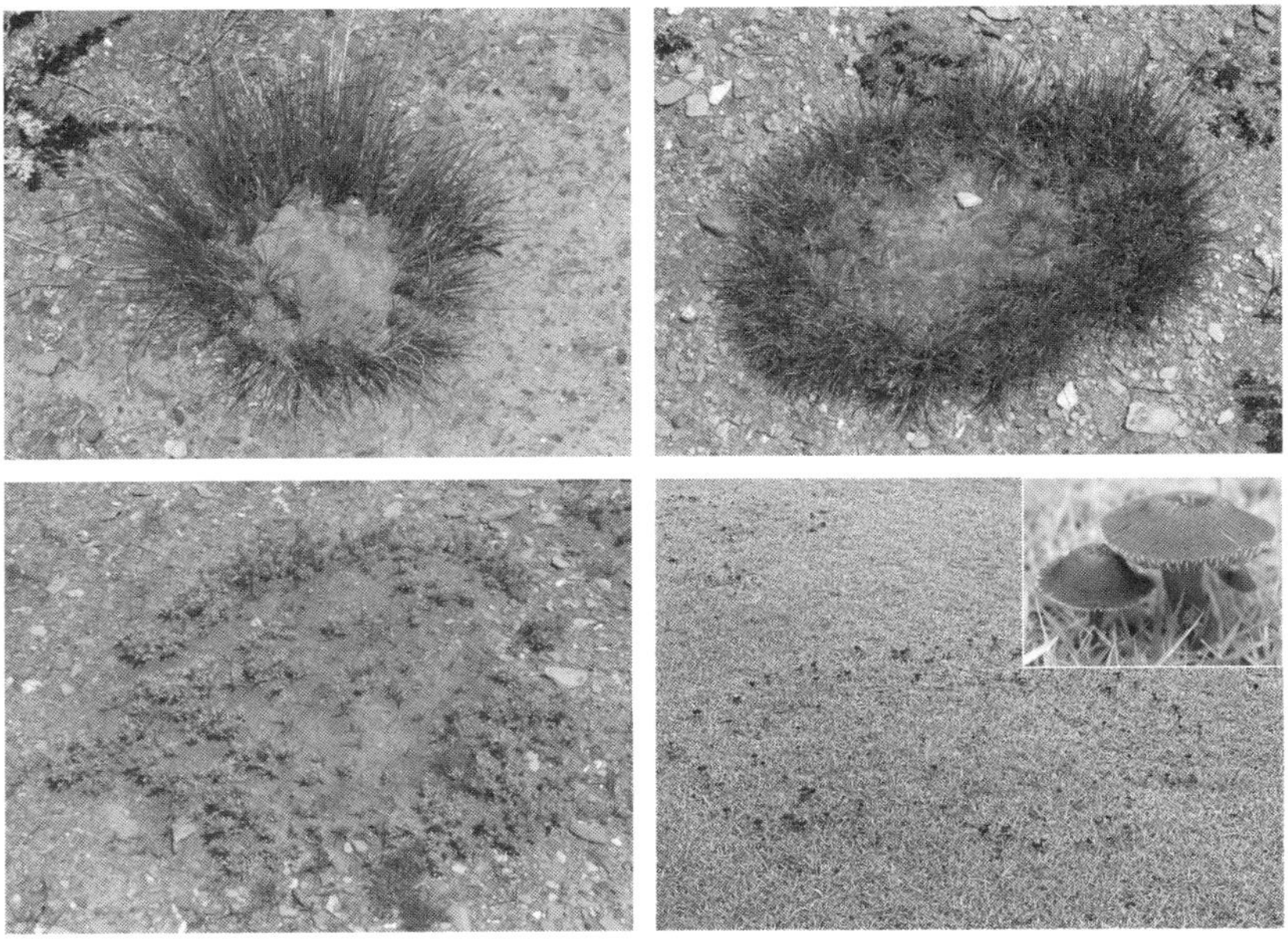

図3-9　ドーナツ状に生える植物

左上：イネ科（種不明）。プマユム湖上の島（高山荒原）（標高5,074m）。
右上：カヤツリグサ科（種不明）。プマユム湖上の島（高山荒原）（標高5,074m）。
左下：ウスユキソウ属 *Leontopodium* sp.（キク科）。プマユム湖上の島（高山荒原）（標高5,074m）。
右下：キノコ（種不明）。岐阜県恵那市の芝生（標高341m）。

ユキソウ属（**図3–9左下**）も同じようにドーナツ状の株を形成している。ドーナツ状に生えている植物の株は、どれも地下茎でつながっていた。このドーナツは、最初は鳥の営巣跡だと思っていたが、植物の栄養繁殖（自らのクローンを増殖させていく繁殖方法）によるものだった。

　これと同じような現象で有名なのは、キノコの菌輪《きんりん》（**図3–9右下**）である（英語ではfairy ring「妖精の輪」と呼ばれる）。菌輪は、キノコの胞子が発芽し、菌糸が放射状に伸びて、古く

図3-10　セーター植物

左：エリオフィトン *Eriophyton wallichii*（シソ科）。ギャツアの岩礫崩落地（標高4,848m）。

右：ヒマラヤヌム *Leontopodium himalayanum*（キク科）。ナンカルツェの高山草原（標高4,295m）。

なった中心部が死滅し、その結果として環状にキノコが発生する現象である。

チベット南部で見かけるドーナツ状の植物も、もとは中心部分に親株があって、放射状にクローンを増殖させたものだった。中心部の親株が枯死したので、ドーナツ状の株になってしまったようだ。種子による繁殖よりも、栄養繁殖のほうが、高山荒原のような不毛な地では繁殖に有利なのかもしれない。

セーターを着こんだ植物

植物体全体が密生した長毛やフェルト状の毛で覆われている植物を、セーター植物と呼ぶ。セーター植物も、やはり植物種の壁を越えて起こった形態変化であるといえる。セーター植物でよく目にするのは、花序全体が長毛で覆われているエリオフィト

図3-11　クッション植物

左上：トチナイソウ属 *Androsace* sp.（サクラソウ科）。プマユム湖畔の高山ステップ（標高5,184m）。

右上：トチナイソウ属の内部。内部の細い茎が何度も分枝を繰り返している。カルクサン山の山岳氷河サイドモレーン外側の礫帯（標高4,804m）。

左下：ノミノツヅリ属 *Arenaria* sp.（ナデシコ科）。ニェモの高山草原（標高5,059m）。

ン（**図3-10左**）や、植物全体が手触りのよいフェルトで覆われたようなヒマラヤヌム（**図3-10右**）などがある。このような長毛やフェルト状の毛は、高山帯の寒冷な気候からの加温、保温効果だけでなく、高山帯の有害な紫外線を散乱させて、細胞分裂の盛んな成長点や生殖器官を保護する役目があると考えられている。

クッション植物

最も奇異な形態変化は、クッション植物ではないだろうか。こんもりとしたドーム状となっていることから、クッション植物と呼ばれている。クッション植物は、チベットに限らず、他の高山帯や高緯度地帯でも見ることができる。一見すると苔むした岩のようなトチナイソウ属（**図3-11左上**）やノミノツヅリ属（**図3-11左下**）などのクッション植物が、岩礫や砂質層の裸地が広がるような場所に優占している。

確かに花を見ると、日本や中国各地で咲いているトチナイソウ属やノミノツヅリ属と似た形をしているが、草姿はまったく異なっている。クッション植物は、内部の細い茎が何度も分枝を繰り返し、一つの株がまるいクッション状となっているのだ（図3-11右上）。内部は、非常に密集した状態となっているため、熱や水分を蓄えられ、強風や乾燥に耐えることができる。また花の時期には、クッションの表面に小さな花を多数つけるので、昆虫を誘いやすいと考えられている。

ゲーテの「変態論」で読み解く

ゲーテはドイツの文学者であり、政治家としても知られているが、じつは生物学者でもあった。ゲーテは、生物の構造や形態に関する研究分野である「形態学」を初めて提唱し、一七九〇年に「変態論」を発刊している。変態論とは、昆虫の変態のように植物も基本的な器官（節間と葉）が多様に変態したものであるという考えだ。

このゲーテの観察によって直感的に唱えられた変態論は、現在ではファイトマーで説明されている。ファイトマーとは、「葉」、その付け根につく「腋芽《えきが》」、そして葉と葉の間の茎にあたる「節間」の三つの部分が植物の基本単位であり、どんな植物もこの基本単位であるファイトマーの積み重ねという考えだ。そのため、植物のさまざまな形態変化は基本単位であるファイトマーの変異でしかなく、基本構造は同じであるという考え方である。植物の挿し木も、経験的にファイトマーの構造を利用しているものである。現在では、このファイトマーは、植物の発生、成長、形態進化などで用いられる重要な概念となっている。

チベット南部で見ることができた高山環境に適応したさまざまな植物の形態も、一見すると同属植物とまったく異なる形態のようだが、じつは基本的な構造は同じといえる。

移動する植物――ヒマラヤの青いケシ

植物は、地質年代的スケールでゆっくりと起こる環境変化ならば、形態変化を成しとげられるかもしれないが、比較的短期間に起こるものに対しての生き残り戦略は、移動しかない。例えば、ヨーロッパアルプスの第四紀更新世《こうしんせい》の気候変動における高山植物の分布変遷とレフュージア（環境変動などで広域にわたって生物種が絶滅する中で、局所的に生き残ることができた避難地）については、分子系統地理学的な解析から詳細な検証がなされ、現在、以下の二つの仮説が提示されている。

一つは最終氷期に低標高もしくは低緯度にある氷河の南端に位置した複数のレフュージアで遺伝的に分化し、氷河の後退とともに再度分布拡大したというtabula rasa《タブラ・ラーサ》（ラテン語で「磨かれた板」という意味。経験主義の比喩）仮説。もう一つは、耐寒性を獲得した高山植物で、氷河から島状に取り残された山頂や岩峰で生き延びていたものが、後氷期に現在の分布域に拡散したとされるnunatak《ヌナタク》（氷河や氷床から頂上部のみが突き出た地形という意味）仮説である。化石として記録が残らないこのような分布変遷を、分子系統地理学で検証することが試みられている。

チベットの高山植物についても、ヨーロッパアルプスほど詳細な分子系統地理学的解析はされていないが、キンロウバイ（バラ科）のチベットにおける分布変遷およびレフュージアについて報告されている。キンロウバイは氷期にはチベットから日本にかけて広範囲に分布していたが、温暖となった間氷期には寒冷なチベット中央部に位置するニェンチェンタンラ山脈周辺の高標高域をレフュージアとしたと考えられている。そして、第四紀更新世に温暖になると、ニェンチェンタンラ山脈から北部へと分布を拡散していったと推測されている。

分子系統地理学とは

分子系統地理学とは、ＤＮＡ配列などの分子データを解析し、その地理的変異や分布域を明らかにする研究である。解析対象とする生物の系統や過去の分布変遷を明らかにする進化生態学の新たな解析法として、近年多くの研究報告がされている。

従来の系統地理学は、いろいろな器官の形態的特徴、日長や気温に対する感受性の違い、含有成分の組成や含有量の違いなどの表現型の比較にもとづいていた。形態の特徴などの表現型の進化速度は生物種によってさまざまで、例えばカブトガニのように数千万年にわたって形態が変化しなかった生物もあれば、ヒトのように数百万年単位で劇的に変化してきた生物もいる。そのため形態のような表現型を解析対象とした場合は、誤った系統関係を導き出してしまう可能性がある。

一方、分子系統地理学で解析の対象としているＤＮＡ配列の突然変異は、一定の速度で起こるとされているので、より直接的な生物の系統関係を推定できる。特に、機能を有しないＤＮＡ配列（生命を維持していくために必要な情報が記録されていないと考えられているDNA配列。例えば、アミノ酸に翻訳されないイントロンや遺伝子をつないでいるDNA配列）の突然変異は、生存に有利にも不利にもならない中立な突然変異なので、生存に不利なものをふるい落とす自然選択の対象とならない。そのため、不利なものは子孫に遺伝しにくい表現型の突然変異と異なり、過去に起こった機能を有しないDNA配列の突然変異は、現在まで遺伝してきたという前提で解析を進めることができる。

ヒマラヤの青いケシを解析する

チベットでの調査期間中、最も多くのサンプルを採集できたのは、幸運にもシノ・ヒマラヤの指標種であるホリドゥラ（ヒマラヤの青いケシ）（**図3−4**）だった。その花弁の色は青色というより金属色を帯びたメタリック・ブルーといったほうがよく、自然界には存在しないような人工的な色をし、雄しべの葯《やく》の濃黄色がメタリック・ブルーの見事なアクセントとなっている。そのため、悪路にゆられる車窓からでも見つけやすかった。さらに、淡褐色の硬質の刺毛《しもう》が、葉、花茎、蕾の表面と、花弁以外のすべての部分を覆っているので家畜に採食されることもない。そのため、チベット南部を中心に北はダムシュン（当雄）のニェンチェンタンラ山脈から南はナンカルツェ（浪卡子）のプマユム湖（普莫雍錯）畔までの二二地点四八集団から一三五個体を採集することができた。

そこで、持ち帰った一三五個体すべてのDNA配列の突然変異を検出するために、葉緑体DNAのイントロンや遺伝子間領域合計三〇領域のDNA配列を解読した。その結果、*rps*16遺伝子（リボソームタンパク質遺伝子サブユニット16）のイントロン領域から、DNA多型の地理的変異を検出することができた。採集できた地域には、九つのハプロタイプ（遺伝的に異なるグループ）があることが明らかとなった。

そして、分子系統樹（図3-12）を構築してみると、四つのクレード（系統群）に分かれた。北部のダムシュン、東部のメド・グンカル（墨竹工卡）にかけて古い起源のクレード1が分布し、次に派生したクレード2は採集地全域に分布していた。最も新しく、しかもほぼ同時に派生したクレード3とクレード4は、クレード3が北部のダムシュン、南西部のナンカルツェ、ギャンツェ（江孜）、クレード4は北部のダムシュン、西部のニェモ（尼木）、南西部のナンカルツェに分布していた。そして、南西部のナンカルツェは他の地域にくらべて遺伝的多様性が最も高くなった。

このことから、ホリドゥラは、現在よりも寒冷な時期に採集地域の北東部から南西部に分布拡散したと考えられる。また、レフュージアは他の地域よりも遺伝的多様性が高いと考えられていることから、採集地域の中で最も遺伝的多様性が高かった南西部のナンカルツェが、ホリドゥラのレフュージアとなった可能性が考えられる。そして、北部のダムシュンには、最も古い起源のクレード1と、最も新しく派生したクレード3とクレード4が混在していた。この結果が意味するのは、寒冷な時期が終わると、再び南西部のナンカルツェから北部のダムシュンや西部のニェモに分布拡大したということである。これは、先に説明したキンロウバイの分子系統地理学的な知見と一致する。

また、現在のホリドゥラの生育地環境を解析するため、アメリカ地質調査所で公開されている地球観測衛星ランドサット（ＮＡＳＡ）で撮影された衛星画像を取得し、各波長バンドの反射率データから、各生育地点の土壌の乾湿状態や植生について解析してみた。いずれの生育地も、地表湿潤状態は

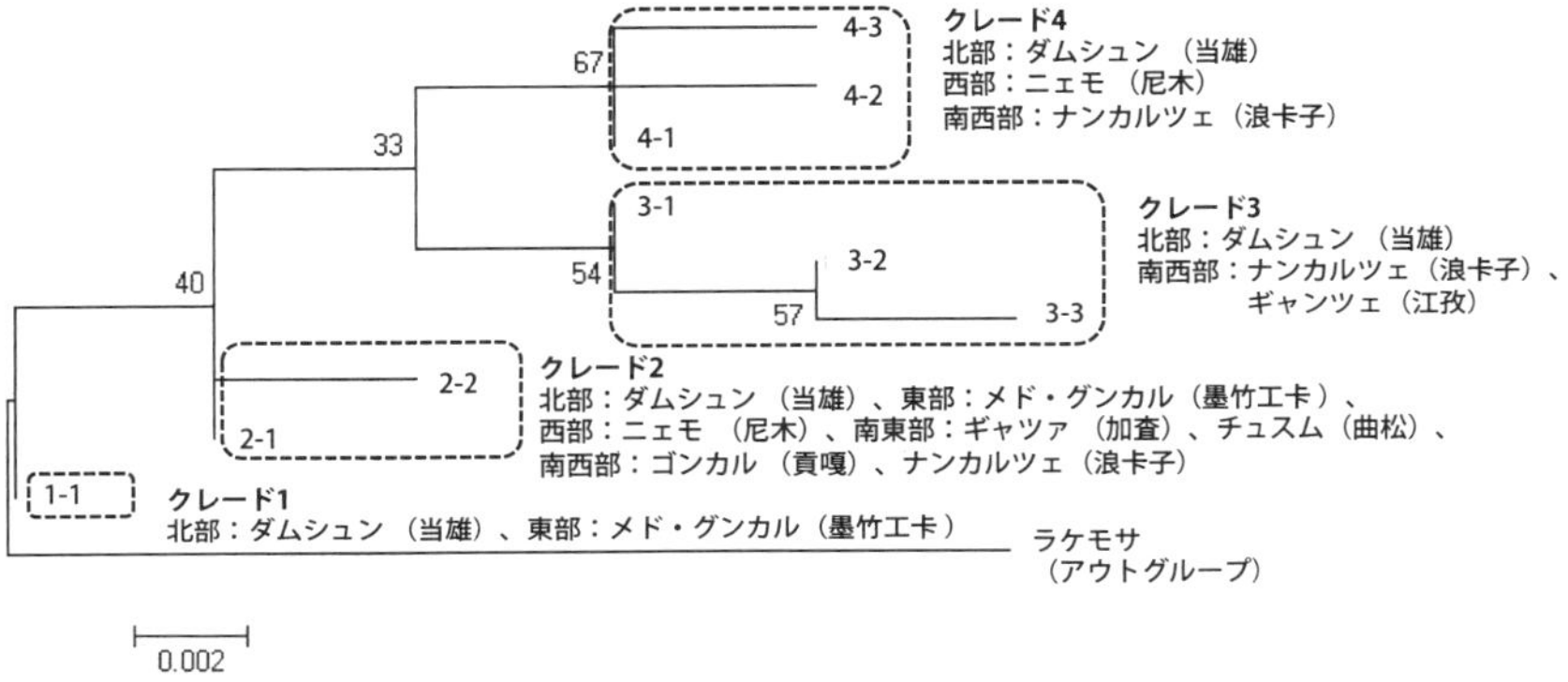

図3-12　ホリドゥラの分子系統樹

チベット22地点（48集団135個体）に生育するホリドゥラの葉緑体DNAの*rps*16（リボソームタンパク質遺伝子サブユニット16）イントロン領域9ハプロタイプから構築した。アウトグループには同属のラケモサ（*M.racemosa*）の配列情報を用いた。分子系統樹の分岐パターンを算出する系統解析の一種である最尤法を用いて、分子系統樹を作成した。最尤系統樹の枝上には１万回のブートストラップ値を示した。枝の長さは塩基置換数に相当する。

乾湿の両方で、表土がまばらな礫地であるため地表を覆う植物は少ない地点であった。この条件は実際に採集した際に観察した結果と一致するものだった。

そして、入手できたチベットの地質情報から生育地の地質年代を区分したところ、中生代白亜紀〜新生代新第三紀の地質上に多く分布する傾向があったものの、特定のクレードやハプロタイプが特定の地質にのみ分布することはなかった。このことからも、現在のホリドゥラの分布要因となっているのは、地史的要因ではなく、生育地の環境要因であることは確かなようだ。そのため、ホリドゥラの過去の分布変遷には地質変動よりも環境変動が大きく寄与したと推測された。

ホリドゥラは、チベットならばどこでも生育していたわけではなく、標高五〇〇〇メートル前後の峠越えをする時に、よく出会った。つまり、標高五〇〇〇メートル前後の山塊に、ちょうど周辺から隔離された島にでも取り残されたかのように分布していた。しかし、チベットが今よりも寒冷な時期には、生育地は今よりも標高が低いところだったと予測されるので、生育地間で自由に、遺伝的交流をしたり、移動したりするのも可能だったと思う。

ホリドゥラの系統関係や分布変遷を検証するには、チベットも含めたヒマラヤの地史的要因や気候変動などをさらに詳細に結びつけた考察が必要である。それに、ホリドゥラは、北は中国の青海省、西はネパールでも生育が確認できていることから、ほんとうの意味でのホリドゥラの系統関係や過去の分布変遷を検証するのであれば、全分布域で調査する必要がある。しかし、ホリドゥラの生育している場所はいずれも高山帯であることを考えると、想像しただけでも息切れがする。今がもう少し寒冷な時代だったら、ホリドゥラはもう少し標高の低い所に生育しているだろうから、調査も楽になるのにと妄想してしまう。

四つの高山植生——チベット南部

チベットは、東西三二〇〇キロ、南北最大一四〇〇キロ、平均標高五〇〇〇メートルであるため、往々にしてその広大さと高度に関心が奪われがちだ。そのためチベットを紹介する映像や写真は、無限に広がっているかのような高山高原に羊やヤクが点在する放牧風景、その風景を取り囲む氷河を抱いた青い山々、その背後の白銀の急峻な峰を写しこんだものが多い。つまり、ほとんどがチベットの広大さ、空漠さ、そして高山帯であることを強調するものである。

確かに、その広大さは四輪駆動車で悪路にゆられている時間の長さ、空漠さは移動中に何度も襲ってくる睡魔、そして高山帯にいることは酸欠という症状で実感することができた。しかし、調査の中心となったチベット南部は、決して不毛な地でも、空漠さだけが広がる単調な地でもなく、さまざまな地形や土壌に適応した多種多様な植生が成立していた。

チベット南部には多様な植生が成立していることに、二〇〇六年の最初の植物調査で気づけたのは、プマユム湖畔で植生調査ができたからである。幸運にも、プマユム湖畔には、その後数年間に及ぶチベット南部での植物調査で目にすることになる植物種や、典型的な植生が成立していた。そして、キャンプ生活を行いながらの調査だったので、さまざまな植生やその構成種となっている各種植物について詳細に観察することができ、植生の相違は、表土の様子やトレッキングシューズの濡れ具合などから、直感的に土壌水分の相違であろうということが予測できた。

植生調査——面積と時期

植生調査の際には、調査面積が広くなるほど、調査対象地内に生育する植物種を取りこぼすことなく、詳細に調査することができる。しかし、調査面積が広くなるほど、要する時間も作業量も増し、煩雑になってくる。そこで、一般には、調査対象地の中から、植物の生育状況や立地が一様な場所を選定し、コドラートと呼ばれる方形枠を設ける。そして、コドラート内に生育する植物種構成や各植物種の被度（植物が地面を覆っている割合）を調査するブラウン・ブロンケ法を用いる。一般にコドラートの一辺は、調査対象となる植物の草丈と同じ長さにするのが理想である。そのため、日本国内の森林などでは、時に一辺が五メートルのコドラートを設置しなくてはいけないこともある。チベット南部の調査地は、高山帯で地形条件や天候条件が悪く、一日の移動距離も長いので、一カ所の調査に時間も労力もかけることができない。幸いにも、チベット南部の植物はほとんどが一メートル以下の草丈だったので、一辺を一メートルとするコドラートを設定すれば十分だった。

植生調査でもう一つ大事なことは、調査時期である。種名を調べる際には、特に花の形態が重要な手がかりとなる。そのため、よほどふだんから見慣れた植物でもない限り、花の咲いていない植物の種名を調べることは困難である。ましてや、海外での植物調査ともなれば、属名まで調べられたらよしとすることが多い。

また、多年生草本や木本ならば、花の咲いていない時期でも地上部は残っているので、生育の確認ができる。しかし、一年生草本や一回結実性草本（数年間栄養成長のみを行い、開花、結実すると枯死する草本）は、開花、結実後に、地上部は枯死してなくなってしまうので、生育確認をすることができない。

特に、四季がはっきりと区別できる日本では、春と秋では同一の場所であっても植生を構成する植物種が大きく異なることのほうが多い。しかし、チベット南部は、他の高山帯や高緯度帯と同様に、植物が成長可能なのは夏のわずかな期間しかない。そのため、一年生草本の多くは短い夏の間に開花が集中してくれていたので、帰国後に植物図鑑などで確認すると、意外と多くの植物を観察できていたことがわかった。

土壌物理性の調査

二〇〇六年の一度目の調査で、植生の相違は、表土の様子やトレッキングシューズの濡れ具合などから、直感的に土壌水分の相違であろうということは予測できた。そこで、二〇〇九年（二回目）からは、土壌サンプル採取のために一〇〇ミリリットルの円筒管を持参し、各植生調査地点の土壌コア（円柱状にくり抜かれた土壌サンプル）を持ち帰り、土壌の理化学性についても測定した。そのうち、

①孔隙率《こうげき》：土壌サンプル中の液相と気相の合計比率。この比率が高いほど、土壌中が水で飽和した際の体積率が高いことになる。

②粒径《りゅうけい》分布：土壌中の大きさの異なる構成粒子の割合。粒径の大きいものから砂（二・〇〇ミリメートル未満〜二五〇マイクロメートル以上）、シルト（二五〇マイクロメートル未満〜七五マイクロメートル以上）、粘土（七五マイクロメートル未満）の三種に分けて各質量パーセントを算出する。最も粒子の細かい粘土の比率が高いほど土壌水分の保持率が高くなる。

③粗有機物率：土壌を一〇五度で強熱することによって、二酸化炭素や水などの気体となった有機物量の減量分の比率。比率が高いほど粗有機物量が多いことになる。

以上の三項目を指標として、高山湿原、高山草原、高山ステップ、そして高山荒原の異なる四つの植生が成立している土壌の物理性について調査した（**表3−1**）。

表 3-1　各植生の土壌物理性

植生／土壌物理性	孔隙率（%）	粗有機物率（%）	砂（%）	シルト（%）	粘土（%）
高山湿原	76.3	36.5	12.8	36.5	50.7
高山草原	64.3	14.3	14.8	42.4	42.8
高山ステップ	49.5	0.1	47.3	36.9	15.7
高山荒原	46.8	0.2	70.3	25.1	4.6

砂：粒径 2.00mm 未満～250 μm 以上、シルト：粒径 250 μm 未満～75 μm 以上、粘土：粒径 75 μm 未満。
プマユム湖畔の高山湿原（標高 5,039m）、高山草原（標高 5,039m）、高山ステップ（標高 5,051m）、高山荒原（標高 5,024m）にて 2011 年 8 月 22 日に採取。

分解しない植物遺体――高山湿原

寒冷乾燥したチベット南部でも、湖岸や河口付近の常に湛水している場所には、高山湿原（**図3-13上**）が成立している。優占種であるヒゲハリスゲが、他の植物たちが侵入してくる隙を与えないほどに、密な緑のマット状になって一面を覆い、その下には植物遺体が分解されることなく堆積している。

チベット南部では、低温と乾燥のために腐朽菌《ふきゅうきん》が枯れた植物を分解することができない。そのため、毎年植物遺体は、分解されずに堆積しつづけていく（**図3-13下**）。通常は植物遺体の層は泥炭《でいたん》と呼ばれ、日本国内でも高層湿原などに堆積している。泥炭はコケや水生植物などの遺体が、酸素の乏しい条件のもと十分に分解しないで堆積したもので多量の水分を含む。しかし、チベット南部の堆積した植物遺体は、泥炭よりもはるかに植物の原形をとどめている。そして、高山湿原ならば多量の水分を含むが、高山草原では干涸びていて、おおよそ泥炭とはイメージが異なっているので末腐植質《みふしょくしつ》と呼ばれている。

そこで、寒冷乾燥したプマユム湖畔（標高五〇三九メートル）の末腐植質が堆積している高山湿原と、同じチベットでも温暖湿

図3-13　高山湿原（上）と高山草原（下）

高山湿原、高山草原ともに、優占種であるヒゲハリスゲ *Kobresia pygmaea*（カヤツリグサ科）が、他の植物たちが侵入してくる隙を与えないほどに、密な緑のマット状になって一面を覆い、その下には植物遺体が分解されることなく堆積している。

上：手前には周氷河地形の一種であるアースハンモックが形成されている。プマユム湖畔（標高5,039m）。

下：手前は未腐植質が流失して高山ステップになっている。プマユム湖畔（標高5,029m）。

潤なニンティ（林芝）（標高三二七五メートル）に成立した湿原で土壌を採取し、粗有機物率（％）を比較してみた。その結果、前者の未腐植質が堆積した高山湿原では三六・五％となったのに対して、ニンティでは五・九％となった。標高五〇〇〇メートルを超える寒冷乾燥したプマユム湖畔では、多くの植物遺体が分解されないで堆積していることがわかる。

お花畑にならない草原——高山草原

高山湿原の周辺や山の麓には、高山草原（**図3-13下**）が成立している。高山湿原と同じようにヒゲハリスゲが優占し、密なマット状に一面を被覆している。しかし、未腐植質は高山湿原ほどには、水分を含んでいない。

ヒゲハリスゲを採集するために地下部ごと掘り起こそうとしても、スコップがまったく刺さらないほどの強固なマットになっている。高山湿原、高山草原のどこであろうと、剛質な匍匐《ほふく》する茎を縦横に伸ばし、密な群落を形成している。スコップがマットに刺さらないので、仕方なしにナイフで力まかせに切り出したが、どんなに力を入れてもひと株ごとに引き離せなかった。何度も試みるうちに酸欠になってしまったのでマット状のまま持ち帰ったのだが、今でも引き離せないまま研究室に保存されている。他の植物に入りこむ隙を与えないので、高山湿原、高山草原はヒゲハリスゲが、被度一〇〇％の優占種となっている。

通常は土壌水分が連続的に変化するような場所ならば、植生も連続的に変化していく。しかし、ヒゲハリスゲは、土壌水分の指標となる孔隙率、粘土の比率が異なる高山湿原と高山草原（**表3-1**）で同じようにマット状に被覆し、優占種となっていた。

この緑のマットに侵入できる植物は、高山湿原だと、同じカヤツリグサ科のスゲ属やハリイ属など、ごく限られている。高山草原だと、湿り気を好むゴマノハグサ科やフロミス（**図3－8左上**）が生えている程度だった。単一のヒゲハリスゲで一面覆われた高山湿原や高山草原では、他種が侵入することは容易ではない。そのため、日本の森林限界を超えたところに成立する、通称お花畑と呼ばれる草原のように、花々が競い合って咲いているような華やかさが高山草原にはない。

枯れたクッション植物の上に――高山ステップ

高山ステップは、湿潤ではないが、高山荒原ほど乾燥していない。チベット南部では、未腐植質が堆積していない裸地が広がり、角状の大きな礫が所どころ顔を出し、わずかに植物が生えている。高山ステップには、ノミノツヅリ属やトチナイソウ属などのクッション植物（**図3－11**）が優占している。そしてクッション植物は、新たな植物が進出しにくい高山ステップの世代交代に、思わぬ形で寄与していた。

高山ステップで植物調査をしていると、他の地表面とは明らかに異なるこげ茶色の円状の土壌が点々とあった。大きなものは直径五〇センチ以上のものもあり、さまざまな種類の植物がこげ茶色の土壌に集中して生えていた。そのこげ茶色の土壌表面を削ってみると、正体は枯れたトチナイソウ属だった。高山ステップの土壌中の粗有機物率は〇・一％と非常に貧栄養な状態になっているが（**表3－1**）、枯死したトチナイソウ属が堆積している場所の粗有機物率は八・九％と、周辺部よりも高くな

図3-14　トチナイソウ属の上に生える植物

左：枯死したトチナイソウ属の上に生えるノミノツヅリ属。プマユム湖畔の高山ステップ（標高5,128m）。

右：生きたトチナイソウ属の上に生えるカヤツリグサ科。プマユム湖畔の高山ステップ（標高5,021m）。

っていた。そのため、栄養状態がよいだけでなく、適度な水分を保持できるので、高山ステップで他の植物の苗《なえ》床《どこ》のような役割をしていたのだ（**図3-14左**）。枯れていなくてもトチナイソウ属の株内は水分、温度ともに発芽に適した環境にあるようで、生きた株に時折カヤツリグサ科が生えていることもあった（**図3-14右**）。

人も家畜もいない風景――高山荒原

チベット南部で最も乾燥した植生は、高山荒原である。プマユム湖東岸には、高山荒原が広がっている。ここの土壌は粗有機物率が〇・二％と低いことから貧栄養状態で、四つの植生の中で砂が七〇・三％と最も高く、反対に粘土が四・六％と最も低いので（**表3-1**）、保水性のないさらさらの砂が、常に流動している。このような土壌環境に適応できているのはスゲ属のみのようで、単一群落を形成している（**図3-15上**）。ただ、同じカヤツリグサ科のヒゲハリスゲが高山湿原や高山草原ではマット状に地表を被覆しているのに対して、高山荒原に生える

図3-15　高山荒原

上：スゲ属 *Carex* sp.（カヤツリグサ科）が単一群落を形成している。プマユム湖畔（標高5,045m）。

下：ビコロル *Caragana bicolor*（マメ科）が単一群落を形成している。ダナン（標高3,562mより撮影）。

図3-16　高山荒原の優占種

左：枝が細く、刺があるビコロル。ダナン（標高3,558m）。

右：剛毛が密生しているオノスマ *Onosma waddellii*（ムラサキ科）。ダナン（標高3,572m）。

スゲ属は叢生《そうせい》（茎が根ぎわから束になって生えること）し、地表一面を被覆していない。プマユム湖畔では放牧が行われているが、このスゲ属の葉は剛質で先端がとがっているためか、家畜の採食跡がなかった。

高山荒原も、標高四〇〇〇メートルより低い場所では、わずかだが灌木が生えている。ラサ（拉薩）郊外やダナン（扎嚢）付近のヤルンツァンポ川右岸の高山荒原（**図3－15下**）では、砂埃をかぶったビコロル（**図3－16左**）の灌木が点在している。そして、このような高山荒原で華やかな色といえばオノスマ（**図3－16右**）のブルーの花冠くらいだ。ビコロルは、枝が細く、刺《とげ》がある。オノスマも剛毛が密生しているためか、両種ともに家畜に採食されない。チベット南部の高山荒原は、家畜の採食を免れた植物種が、単一群落を成立させていることが多い。

高山荒原の背景となっている山々には、氷河の浸食によって形成された半円形の窪地であるカールがくっきりと残っていた。ただ、いずれのカールも風の吹きだまりとなっているのか、大量の砂が堆積し、巨大な砂丘となってしまっている。

図3-17　人も家畜もいない風景
氷河の浸食によって形成された半円形の窪地であるカールが巨大な砂丘になっている。ダナン（標高3,562mより撮影）。

こんな景観がどのようにできたのかはわからないが、いずれにしても人も家畜も、そして野生の植物も、まったく利用できないほどに乾燥していることは確かだった（**図3-17**）。

植生を規定する土壌

二〇〇六〜二〇一一年の四回の調査で、北はナクチュ（那曲）から南はブータン国境近くのロダク（洛扎）間の直線距離にして三六〇キロの植生を南北で調査したが、この間で大きな植生移行は観察できなかった。この南北間で観察できた植生は、すべてプマユム湖畔でも観察できたもので、その種構成もほぼ同じだった。いずれも植生の成立要因は、保水量に寄与する孔隙率、粗有機物率や粘土の比率だったといえる。

温暖湿潤な森――チベット東部

チベットは、山の連なりを蓮華《レンゲ》の花弁にたとえて百葉蓮華《ペマダブギャ》と呼ばれてきた。そのため高山が連なる雪と氷の世界と思われがちだが、チベットを象徴する景観はと問われると、私は「急峻な白銀の岩峰、緩やかな高原、ひどく険しい渓谷」と答える。「急峻な白銀の岩峰」とは、百葉蓮華のたとえのもととなったグレート・ヒマラヤやトランス・ヒマラヤのことで、これは私にとっては当初から観賞するだけのものだった。そして、「緩やかな高原」というのが、前節で取り上げた寒冷乾燥したチベット南部の、広大で比較的傾斜の緩やかな高原地帯である。そして、最後の「ひどく険しい渓谷」というのは、グレート・ヒマラヤの北側を、東西に並行して流れるヤルンツァンポ川やその支流のニイヤン川（尼洋曲）の渓谷のことである。この深い渓谷を軸として東西で比較した時に、植物の分布状況が劇的に異なり、その要因がインドモンスーンであることはよく知られている。

ここまで説明してきたチベットの植生は、一部の低木を除けば、すべてチベット南部の寒冷乾燥な気候条件下の森林限界を超えた場所に成立した、草本植物で構成されている高山植生（高山湿原、高山草原、高山ステップおよび高山荒原）であった。しかし、あまり知られていないが、チベット東部に広がる温暖湿潤な気候条件下で成立した森林帯も代表的なチベットの植生といえるため、調査対象として魅力ある地である。

ヒルのいる森

インドモンスーンは、グレート・ヒマラヤと並行して流れるヤルンツァンポ川やその支流のニイヤン川を風の道として、チベットの東から西へと吹きこんでくる。そのため、これらの大河を軸として温度・湿気ともに東高西低となっている。チベット東部の温暖湿潤な森林帯を調査するためには、険しい国道三一八号線を東に向かうしかない。

この国道三一八号線は上海を起点とし、湖北省、重慶、四川盆地を横断し、四川省成都を抜けたあとは横断山脈の渓谷にのみこまれていく。本格的にチベット高原に入ったあとはニイヤン川と並走しラサを経て、最終的にはエベレストの西にあるネパールとの国境の町ダム（樟木）に至る。ほぼ北緯三〇度にそった、全長五三四〇キロ以上、高低差五〇〇〇メートルと、数字を見ただけでも息苦しくなるような国道である。そして成都からラサまでの区間は、川蔵公路《せんぞうこうろ》と呼ばれている。

二〇〇九年七月のインドモンスーンが活発な時期に、川蔵公路をラサからポミ（波密）までの東西四五〇キロ間の植生移行を調査した。川蔵公路は、ミ峠（米拉）（標高五〇一三メートル）を越えてコンボ・ギャムダ（工布江達）に入ると、すぐにヤルンツァンポ川支流のニイヤン川上流域になり、その後はニイヤン川と並走する。ニンティの中心部を過ぎたころには、これまでのチベットの景観とはまったく異質な景観に包まれる。

ニンティの標高は三〇〇〇メートル以上あったが、林立するモミの枝には、地衣類のサルオガセがぶら下がるほど湿度が高いため（**図3-18左**）、久しぶりに湿気のある空気を吸えた。この地域には、湿潤な風が吹きこむので雲霧林帯となっている。そのため林床にはショウガ科の植物が生え、ヒルま

図3-18　湿潤な森

左：地衣類のサルオガセが枝にぶら下がっているモミ *Abies spectabilis*（マツ科）。

右：黒豚の親子が放し飼いにされている湿原。ニンティ（標高3,225m）。

で徘徊している。それに、カバノキが高木林をつくっている。この樹木は、褐色の薄い紙質の樹皮が横に裂けて剝がれ落ちていて、日本のダケカンバに酷似している。日当りのよい乾きぎみの斜面では、葉縁が刺《とげ》のようになったアキフォリオイデス（ブナ科）が広く群生している。

林床の土壌は、それまでの高山湿原、高山草原、高山ステップ、そして高山荒原とは明らかに異なっていた。日本と同じような森林土壌の層位（異なる土壌が何層にも重なっていること）が観察できる。地表面には植物の落葉落枝が堆積したO層があり、その下には有機物が分解した腐植物質を多く含む黒色のA層が発達している。A層は孔隙率八五・二％と高いことから、ガス交換も十分に行われ、多様な空間が土壌中に生じている。そのため、多種多様な土壌生物が生息でき、透水性も高いことは容易に想像できる。そして、粗有機物率も一・二％と、末腐植質が堆積している高山湿原の三六・五％や高山草原の一四・三％よりも低くなっていることから（**表3―1**）、温暖湿潤な環境下で植物遺体はよく分解されているようである。

森林帯を縫うように流れる河川の氾濫原《はんらんげん》は、チベット南部で見てきた高山湿原とは、まったく異なる植物で構成されている。紫の花弁基部に白と金色の放射状斑紋をつけたアヤメ属（アヤメ科）、淡黄色や濃桃色の漏斗《ろうと》形の花冠を下向きにつけた日本で見るものと同じ草姿のサクラソウ属（サクラソウ科）などが、誰かに植えられた湿地園のように群生していた。そして、その湿地園には不似合いな、放し飼いにされた黒豚の親子が採食する様子を見ることができる（**図3―18右**）。ここまで東に来ると、植物だけでなく、家畜までもが温暖湿潤な環境に適応したものとなるようで、豚の放し飼いをよく目にした。

河跡湖での棲みわけ

ニンティ市街の手前に、川蔵公路でニイヤン川が分断されてできたと思われる河跡湖《かせきこ》（河川の流れが遮られて、もとの河川から取り残されてできた湖）があった。この河跡湖面にはアカウキクサ（種不明）（**図3―19左**）が浮遊し、湖底ではバイカモ（**図3―19右**）が湧水の流れにゆれていた。アカウキクサは種名がウキクサとなっているが水生シダで、一般には熱帯～温帯に分布する。そして、バイカモは梅に似た花を咲かせる水生植物で温帯から高冷地の流水や湧水が存在する透明度の高い水中で生育する。通常は異なる気候帯に生育するはずのこの二種類の植物が、同じ河跡湖に生育していた。

アカウキクサは、チベットの植物誌である『西蔵植物誌』や『西蔵植被』のいずれにも記載されて

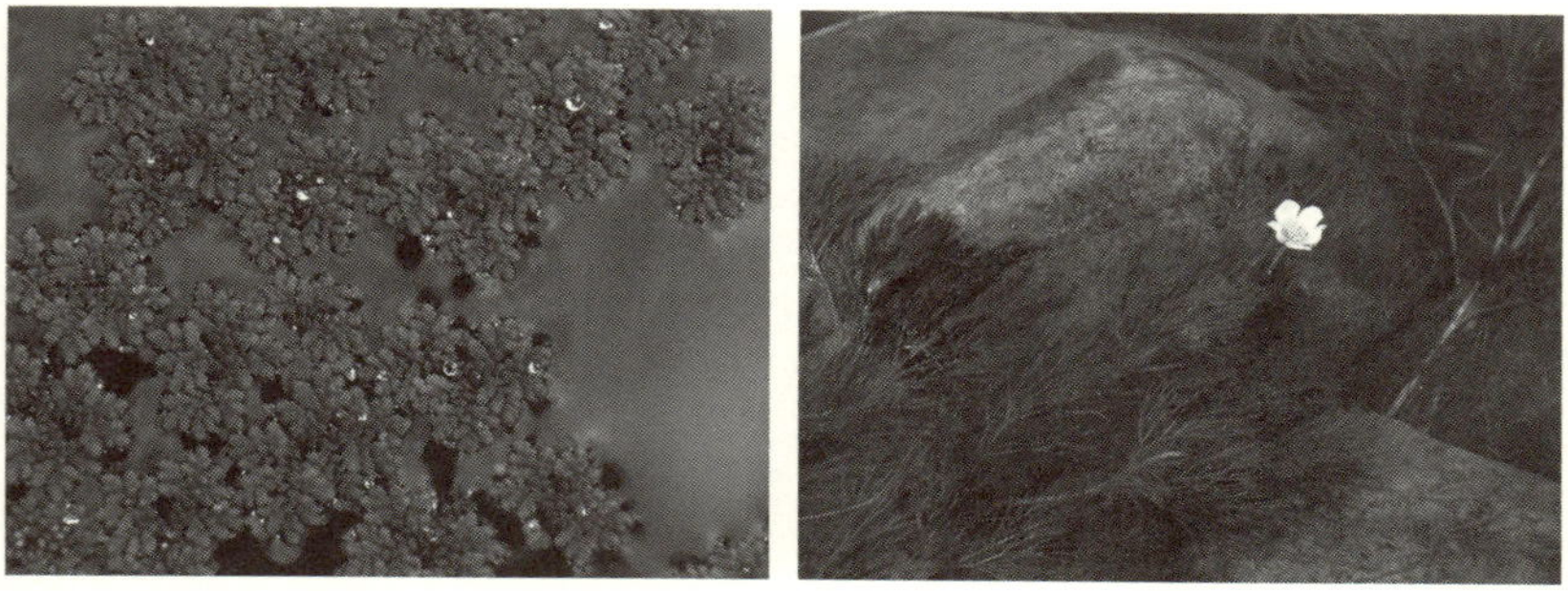

図3-19　河跡湖での棲みわけ

川蔵公路でニイヤン川が分断されてできたと思われる河跡湖に、本来異なる気候帯に生息するアカウキクサとバイカモが生えていた。
左：アカウキクサ（種不明）*Azolla* spp.（アカウキクサ科）。
右：バイカモ *Batrachium trichophyllum*（キンポウゲ科）。
ニンティ（標高3,120m）。

いない。しかし、中国全土を対象とした植物誌である"Flora of China"には、二種（*Azolla pinnata* subsp. *asiatica* と *A. filiculoides*）が長江流域や南部のような熱帯、亜熱帯、温帯域の水田、池、溝などに自生していると記されている。アカウキクサは空気中の窒素を固定する能力があるため肥料として田畑にすきこまれたり、バイオガス燃料、雑草・蚊の発生予防などに利用されたりする。そのため本来は自生していなかったニンティにもなんらかの利用目的で導入され、逸脱したものが河跡湖に定着したものと思われる。

残念だったのは、採集したアカウキクサの種同定ができなかったことである。アカウキクサは多くの雑種を形成するため、形態からだけでは種同定が困難だ。そこで、採集したものを国内に持ち帰りDNA配列情報の解析を試みようと思った。しかし、研究室に持ち帰るころには腐敗し、残念ながら種同定には至らなかった。

表 3-2　河跡湖内アカウキクサとバイカモ生育水域の水質

測定地／測定項目	測定時間（中国時間）	水温（℃）	実測酸素濃度（mg/L）	酸素飽和度（%）	電気伝導度（mS/m）	pH
アカウキクサ生育水域	12:00 PM	13.6	16.8	167	4.0	9.4
バイカモ生育水域	12:20 PM	11.5	9.3	88	4.0	7.9

ニンティ（標高 3,120m）。調査日：2009 年 7 月 6 日。

それに対してバイカモは『西蔵植物誌』に記載されていて、中国全土の高山帯もしくは寒冷地の河や池などの流水域に生育している。

河跡湖の水環境

アカウキクサとバイカモが生育している水域の水質には、顕著な違いがあった（**表3–2**）。

アカウキクサ生育水域は、停滞水であったことから日差しで温められ水温一三・六℃だった。そのため、理論的に大気と平衡して最大溶けこむことができる飽和酸素濃度は一〇・一㎎／Lとなるはずだが、実測酸素濃度は一六・八㎎／Lとなり、酸素飽和度（実測酸素濃度／飽和酸素濃度）は一六七%と過飽和（水を瓶に入れて強く振ると酸素が泡となって水中から抜け出すような飽和濃度以上の状態）となっていた。

一方、バイカモ生育水域は湧水で涵養されているため水温一一・五℃だった。そのため、飽和酸素濃度は一〇・六㎎／Lとなるはずである。しかし、実測酸素濃度九・三㎎／Lとなったので、酸素飽和度は八八%となった。

このことから、開放水面のアカウキクサは、活発な光合成により酸素が過飽和になっていると考えられた。一方、バイカモ生育水域から湧き出す地下水は酸素に乏しい状態で、さらに大気からの酸素の溶けこみやバイカモの光合成による酸素の生産量は低いと考えられた。

また両種の生育水域の水素イオン濃度（pH）は、アカウキクサ生育水域九・四に対してバイカモ生育水域七・九となっていた。アカウキクサ生育水域の水素イオン濃度がアルカリ性に傾いたのは、酸素濃度が過飽和状態となっていたことからも、活発に光合成が行われ、水中の炭酸が消費されたためと考えられた。

そして、河跡湖周辺を調査した限りでは流入河川がなかった。それに、アカウキクサもバイカモも、生育水域の電気伝導度は四・〇mS／mと非常に低く、河跡湖全域が同じ濃度になっていた。このことからも河跡湖の水は湧水のみを起源としていると考えられた。本来ならまったく異なる水環境で生育しているはずの両種が、同じ河跡湖に生育していた。この理由は、低温の湧き水と、それが日差しで温められた停滞水により、異なる水環境が同一の河跡湖の中に成立したためであろう。

東西の植生の境目

河跡湖周辺は、野生のモモ（バラ科）と低木のホザキナナカマド（バラ科）など、温暖性の落葉樹を優占種とする植生が成立している。しかし、温暖性の落葉樹林帯の低木層には、メギ属（メギ科）やトリカブト属（キンポウゲ科）など一般には寒冷地性の植物が優占していた。河跡湖周辺植生も、河跡湖内と同じように温暖性と寒冷地性の植物が混在していた。

このような寒冷地性の植物が比較的温暖な地域に生育している例は、日本でも低地の落葉樹林内の湿地周辺などで確認できることがある。高木層を覆う落葉樹林の葉が完全に展開する前はまだ寒冷な時期なのだが、林内には光がよく差しこむ。この時期に寒冷地性の植物は急速に成長し、落葉樹の葉が完全に展開するころには地上部が融けるようになくなってしまう。また、湿地は湧水や水路などが多いので地中温度も高くなることが少ないため、寒冷地性の植物でも生育できる事例がある。

この河跡湖畔も高木層は落葉樹で、林床は比較的湿潤であった。このようないくつかの偶然が重なり合い、本来ならば異なる気候帯に生育するはずの植物が同所的に生育できていたのかもしれない。いずれにしても、この辺りが寒冷乾燥な植生と温暖湿潤な植生の移行帯のようだ。

それまでニイヤン川と並走していた川蔵公路は、ニンティからツァンポ峡谷（大屈曲地帯）を避けるようにして、大きく北東へと進路を変える。ニンティの先に、一九二四年にキングドン-ウォードが断念し、その後多くの探検家の命をのみこんでもなお全容を明らかにしなかったツァンポ峡谷がある。二〇〇三年に、それまで空白の五マイルと呼ばれていたツァンポ峡谷の未踏査部を日本人の角幡《かくはた》唯介《ゆうすけ》が初踏査した。ツァンポ峡谷には大いに関心があったが、川蔵公路はツァンポ峡谷からはずいぶんと離れた北側を通ってポミに続いているし、私たちは探検家ではないので調査対象としなかった。私たちが行くことができた最も東のポミには、温暖湿潤な景観が広がり、それに適応した人々の営みがあり、西瓜や瓜などの露店が道路脇に連なっていた。

インドモンスーンの通り道

地形が複雑で気候変動の激しいヒマラヤとその周辺の植物地理学的研究の多くは、比較的アクセスが容易なネパール、ブータンなどグレート・ヒマラヤ南側の湿潤地帯に生える植物を対象としたものが多い。一方、グレート・ヒマラヤ北側のチベットの植物も、植物の多様性から重要な研究対象であることはいうまでもない。しかし、グレート・ヒマラヤ北側に位置するチベットへは、南側にくらべて政治的な理由から入域しにくく、また高山帯であるということから踏査が困難な地域である。

実際に踏査してみると、先人の記述どおりグレート・ヒマラヤの北側を東西に並行して流れるヤルンツァンポ川流域の深い渓谷は、植物の分布を南北に区切る障害にはほとんどなっていなかった。通常は、植生移行は水平方向、つまり南北にそって起こるが、調査できた地域ではインドモンスーンの通気道となっているヤルンツァンポ川流域圏を東西の軸として劇的な植生移行が認められた。このような東西の劇的な植生移行は、何度か訪れたグレート・ヒマラヤ南側のネパールやブータンでは目にすることはなかった。

周氷河地形——もう一つの植生成立の要因

標高五〇〇〇メートルを超える高所では、土壌水分やインドモンスーン以外にも、もう一つ植生成立の要因となっているものがある。二〇〇六年から四回にわたりチベットで植物調査をしていながら、もう一つの要因である周氷河地形については現地でまったく気づかなかった。

標高五〇〇〇メートルを超えるような高所でだけ目にすることができた奇妙な微地形は、どれも規模や形が整然としていて、しかも連続して広がっていた。そして、微地形ごとに生育している植物種が異なっていた。そのため名前も成因も知らないこの奇妙な微地形を撮影し、土壌サンプルの採取を行い、そこに成立している植生の記録だけは残しておいた。この奇妙な微地形が、大地の凍結—融解の繰り返しによって形成される周氷河地形であることを知ったのは、二〇一一年八月のチベットでの最後の調査を終えて、日本に帰国してからだった。

周氷河地形とは、もともとは氷河周辺部の土壌中の水分の凍結—融解の繰り返しによって生じる微地形のことを意味したが、今日では氷河の周縁ということとは無関係に、寒冷な気候条件下で起こる凍結—融解の繰り返しによって生じる微地形に対して用いられている。

岩屑《がんせつ》だらけの斜面

ラサ・ゴンカル（拉薩貢嘎）空港からラサ市内に伸びる幹線道路のトンネル以外に、チベットでの調査中にトンネルを見たことがない。チベットでの移動の際に、山塊を越えるためには四輪駆動車でつづら折りとなっている悪路で峠越えをするしかない。そして、その峠のほとんどが標高五〇〇〇メートル以上の高所で、峠に続く道は斜面を切っただけで、ガードレールもなければ、法面《のりめん》からの落石防止や土砂崩れ防止など、何の安全対策もとっていない。だが、そのおかげで大小さまざまな岩片に覆われた周氷河地形の一種である岩屑斜面をよく観察することができた。

岩盤の隙間や割れ目にしみこんだ水が凍結すると、体積が九％ほど増加し膨張する。この膨張と融解を繰り返すうちに、岩盤の隙間や割れ目は大きくなり、岩盤から岩片が引き剝がされる。このように凍結—融解作用によって岩が砕かれる凍結破砕《とうけつはさい》によって、大量の岩片で覆われた岩屑斜面となる。

図3-20　岩屑斜面に生育する植物
左：クレマントディウム *Cremanthodium ellisii*（キク科）。プマユム湖畔（標高5,380m）。
右：オオヒエンソウ属 *Delphinium* sp.（キンポウゲ科）。ロダク（標高5,360m）。

岩屑斜面は、大小さまざまな岩屑に覆われ、常に表層が流動し、崩れている。それにもかかわらず、岩屑からようやくの思いで花茎を伸ばしているクレマントディウム（**図3-20左**）や、中が透けて見えるほどに淡い薄い花弁をボンボリのように膨らませたオオヒエンソウ属（**図3-20右**）は、何のためらいもなく咲いている。どの植物も、常に吹き上げられる風にさらされているせいか、それとも常に流下する岩屑をいなすためか、花茎は短く、地際で開花している。盛夏だというのに雪が舞う中で、それらの植物を根ごと採集するために、まず地表面を覆いつくす岩屑を取り除いた。岩屑の下には湿った砂土があり、どの植物も強固な太い主根をしっかりと根づかせていた。ここでも、常に土壌表層が流下している斜面にうまく適応している収斂進化が観察できた。

砂や礫が描いた模様

チベットでは、そこかしこで放牧が行われているので、斜面には家畜が長年踏み固めた獣道が等高線のような模様になっているのをよく見かける。しかし、緩やかな斜面には、砂

図3-21　条線土
上：プマユム湖畔（標高5,091m）。
下：プマユム湖畔（標高5,138m）。

や礫で描かれたような、明らかに獣道とは異なる等高線のような模様がある。最初は、緩い傾斜地を雨水が流れた跡だと思っていた。しかし、この地形も周氷河地形の一種である条線土《じょうせんど》であった（**図3−21**）。

条線土も土壌中の水分が、凍結─融解を繰り返すことによって形成されたものである。土壌中の水分が凍結し、霜柱が砂や礫を持ち上げる。そして霜柱が融ける時に、砂や礫は傾斜地の下方の少し離れたところに移動する。土壌が凍結─融解を繰り返すことによって、土壌中の礫がふるい分けられ、細かい砂の帯と粗く大きな礫の帯とが交互に配列した条線土が形成される。

条線土の細かい砂の帯は踏み固められたように堅く、少し盛り上がっている。そのため植物が生育するのに適していないようで、裸地などによく生えているウスユキソウ属がマット状の小さな群落を成立させている程度だった。一方、盛り上がった細かい砂の帯の間にできた溝には礫が堆積していた。溝となっているために礫の下は土壌水分が保持されやすいのか、比較的湿った場所を好むカヤツリグサ科やイブキトラノオ属（タデ科）の楕円形の花が、その礫の間からわずかに伸びている。わずか数十センチほどの間隔で、異なる植物が交互に生えているので、条線土の縞模様をことさら明確にしていた。

湿地の坊主たち――アースハンモック

チベットの標高五〇〇〇メートル以上の河口や河川敷に成立したほとんどの高山湿原は、日本の湿原とは景観が異なり、凹凸地形となっている。そのため歩きにくく、わずかな起伏とはいえ、上り下りを繰り返すので、調査に最も苦戦した地形だった。凸部の表面はどれも高山湿原の優占種でもあるヒゲハリスゲが緑のマットとなって覆っている。一方、凹地形は水路のようになっていて所どころ水がたまっていた。水深も一〇センチ程度なので、仮に落ちたとしても気にならないほどの深さだった。凹地形の底には黄色の花をつけたイソフィラ（ユキノシタ科）や白い梅に似た小さな花をつけたプシラ（**図3-5左**）など、日本の同属植物とはくらべものにならないほど小さな花々が咲いていた。

この凹凸地形の湿原が周氷河地形の一種で、アースハンモック（もしくは凍結坊主）と呼ばれている（**図3-22上**）。

アースハンモックに似た形状のものに、北海道などの寒冷地の湿原にスゲ類の大株がかたまって盛り上がった谷地坊主《やちぼうず》（**図3-22下**）がある。しかし、アースハンモックは谷地坊主とはまったく別物である。谷地坊主が植物体であるのに対して、アースハンモックはあくまで土壌である。そのため、アースハンモックは人が乗ってもへこまないほどの強度だった。このアースハンモックの表面はヒゲハリスゲに覆われ、その中身は表面を覆っているヒゲハリスゲの根茎と未腐植質でできていた。

アースハンモックの成因には二種類あるとされている。日本の北海道や高山帯などでは、土壌中に何層ものアイスレンズ（地中で幾層にもわたって断続的に形成される氷層）が形成される。その結果、大地が大きく凍上《とうじょう》する。春になると凍土の融解にともなってアースハンモックは沈下しはじめるが、その表面に厚く張った植物の根茎のせいで完全には沈下しない。つまり、凍土融解時の不完全な沈下が累積することによってアースハンモックは成長すると考えられている。一方、大雪山の白雲岳《はくうんだけ》火口底にあるものは、形成の出発点は、植物で覆われた地面が凍結して多角形に割れてできた植被《しょくひ》多角《たかく》

図3-22　アースハンモック（上）と谷地坊主（下）

上：プマユム湖畔の高山湿原（標高5,039m）。

下：北海道釧路湿原（標高6m）。

形土《けいど》と考えられている。

チベットに形成されていたアースハンモックの凸部は孔隙率七八・六％と、その周辺部の孔隙率六三・五％よりも高くなっている。これは、凍上して土壌粒子間の孔隙が周辺部よりも広がったためと考えられる。そのため、前者のアイスレンズが成因であることは間違いないと思った。それにアースハンモック周辺に、形成の出発点となる植被多角形土がなく、まだドーム状にまでは発達していない大地のわずかな盛り上がりが多数点在していたことからもうかがえる。

亀甲模様の大地――植被多角形土

最も整然としていた周氷河地形は、亀甲模様に大地が割れた植被多角形土だった（図3-23上）。植被多角形土の成因については、次のように考えられている。凍土は寒い冬には縮んでしまう。この力によって凍土に、亀甲模様の割れ目がつくられる。植被多角形土が観察できたのは、標高五〇〇〇メートル以上の高所で、水分を多く含む広大な高山草原であるという条件が揃った場所だけだった。

割れた部分を見ると、いずれの植被多角形土も表土だけが割れていて、下層土には亀裂はない。表土と下層土の土壌物理性を比較すると、表土は粗有機物率三六・五％、粘土五〇・七％で、下層土は粗有機物率〇％、粘土四五・二％と、保水性の指標となる粗有機物率と粘土の比率が表土のほうが高くなっていた（表3-3）。植被多角形土の亀裂が、表土でのみ起こるのは、表土のほうが水分を多く保持しているので、凍結が起こりやすい土性になっていたためだ。

表土は、他の植物が侵入できないくらいにヒゲハリスゲが繁茂し、未腐植質が堆積しているため孔

図3-23　植被多角形土（上）と化石多角形土（下）

上：プマユム湖畔（標高5,052m）。

下：現在では形成活動が停止してしまった礫質多角形土。礫質多角形土のほとんどが植物に覆われてしまって、化石化してしまっている。フィンランド・ウルホケッコネン国立公園（標高300m）。

表 3-3　植被多角形土の表土と下層土の土壌物理性比較

採取部／土壌物理性	孔隙率（%）	粗有機物率（%）	砂（%）	シルト（%）	粘土（%）
表土	76.3	36.5	12.8	36.5	50.7
下層土	47.3	0.0	19.1	35.6	45.2

砂：粒径2.00mm未満〜250μm以上、シルト：粒径250μm未満〜75μm以上、粘土：粒径75μm未満。
各土壌はプマユム湖畔（標高 4,795m）にて 2011 年 8 月 22 日に採取。

隙率七六・三％、粗有機物率三六・五％（**表3-3**）と高山湿原（**表3-1**）と同じだった。一方、下層土は孔隙率四七・三％、粗有機物率〇％（**表3-3**）と高山ステップ（**表3-1**）とほぼ似た数値となっていた。そのため、高山ステップでよく見かけるクラッスロイデス（**図3-5右**）やトチナイソウ属（**図3-11左上**）などの植物が生育していた。植被多角形土の表土と下層土で、植生が異なったのは土壌物理性の違いが要因であった。そして、プマユム湖南岸では、完全な亀甲型に割れているものもあれば、まさに割れる直前のものまであることから、盛んに生産されていることがうかがえた。

一方、日本の高山帯や北欧などには、現在では形成活動が停止してしまい、多角形土のほとんどが植物に覆われてしまって、化石化した化石多角形土（**図3-23下**）もある。だが、プマユム湖畔に化石多角形土があるのかどうかまでは、明らかにはできなかった。

繰り返される植生遷移

チベットの植生の成立要因を考える時、特に標高五〇〇〇メートル以上の高所においては、周氷河地形をぬきに考えることはできない。周氷河地形は、数十〜数百メートルのスケールではあるが、土性や土壌水分状態がわずかながら変化するので、そこに生育する植物種も異なってくる。そのため、通常

図3-24　表土が崩れる高山草原

斜面上部には植被多角形土が形成されている。斜面下部では表土が崩れて、高山ステップが成立している。ギャンツェ（標高4,635mより撮影）。

目にすることのできない土壌物理性の違いが植物種の違いとして地表に現れるため、周氷河地形がより際立っていた。

そして、プマユム湖畔をはじめチベット各地に成立した高山ステップは、かつては高山草原のように未腐植質が堆積していたのではないかと思われた。斜面に成立した高山草原に植被多角形土が形成されると、降雨などによる浸食や表土流下などによって、表土の未腐植質が失われて、下層土が露出する（**図3-24**）。すると、露出した下層土は粗有機物や粘土の比率が低いので、高山ステップが成立する。高山ステップから長い年月をかけて高山草原に再度遷移していくということを繰り返しているように思える。いずれにしても、この推測を証明するためには、長期的な観察が必要なのだが、大学の夏期休暇くらいしかまとまった時間をとれない大学教員を続けている限りは難しいのが現状だ。それにしても調査を終えて日本に戻ってから、周氷河地形に気づいたことが、なんとも口惜しい。

氷河地形ごとの多様な植生

チベット南部の幹線道路ぞいには、車で容易にアクセスできる氷河がある。それに、ほとんどの氷河は観光化されていないので立ち入り制限などがなく、かなり氷河に接近することもできる。そして、チベットの氷河地形は、グレート・ヒマラヤの南側や日本のように雨による浸食や植物に覆われることが少ないので、より鮮明な氷河地形が保存されていて、各地形の特徴を観察することができる。特に氷河地形ごとの多様な植生や、その多様な植生に依存して営まれている人間活動を観察することができる。

氷河が削った岩盤

ナンカルツェの中心地から、舗装された幹線道路を三〇分ほど車で走れば行けるノジンカンツァン山（寧金抗沙峰）（標高七一九一メートル）のカロー・ラ氷河（**図3–25**）は、観光客が訪れる有名な氷河だが、柵などないので幹線道路に車を停めて氷河直下まで徒歩で登ることができる。二〇一〇年八月の調査では、氷河直下で氷食岩盤（標高五〇五八メートル）（**図3–26左**）を観察することができた。

図3-25　ノジンカンツァン山のカロー・ラ氷河
ナンカルツェ（標高4,965m）。

氷河が岩盤表面を滑動《かつどう》すると、削磨《さくま》作用が生じる。地質年代的スケールの時間をかけた削磨作用によって磨き上げられた氷食岩盤の表面は、滑らかなだけでなく黒光りしていた。黒光りする表面にはどれも同じ方向を向いた氷食擦痕《ひょうしょくさっこん》が、氷河の流動方向を明瞭な記録として残している。氷食擦痕の先、眼下には、本来ならば堤防状になるはずのモレーン（氷堆石《ひょうたいせき》）（氷河が削った砂礫が氷河末端に堆積した堤防状の地形）が、河川の浸食を受けたためか古代の円墳のように均整のとれたきれいな姿を示し、かつての氷河の先端部を教えてくれた。

　このような氷食擦痕は、チベットの山岳氷河だけでなく、かつて大陸氷河に覆われていた高緯度域でも観察することができる。ただし大陸氷河によって削られた氷食擦痕は、山岳氷河と異なり、表面が波状に起伏

図3-26　氷食岩盤

左：ノジンカンツァン山のカロー・ラ氷河（山岳氷河）（標高5,058mより撮影）。
右：フィンランドの首都ヘルシンキにあるシベリウス記念公園（大陸氷河）（標高6m）。

している。フィンランドの首都ヘルシンキにある作曲家シベリウスを記念して創られた公園には、表面が波打っている大陸氷河の氷食擦痕が残る岩盤の上に、ステンレス製オブジェが設置されている（**図3－26右**）。

カロー・ラ氷河の氷食岩盤の上には、岩壁から剥がれ落ちたままの磨製された経験のないような角のとがった石器のような礫が、散乱しているだけだった。そして氷河から融け出した水が、幾筋もの滝となっていた。常に角のとがった礫が生産され、気ままに水脈や水量が変わる氷河直下では、ほとんどの植物が生育できない。唯一、氷食岩盤の周辺の細かな砂や礫が堆積した場所に、スピキフォルメ（**図3－7右上**）が点在しているだけだった。チベット南部を含めたヒマラヤに生育するダイオウ属の中で最も小型である。地上部は花茎を伸ばさずにロゼット株の中央部から数本の総状花序を直立させているだけで、生殖成長の期間を短く抑えているようだ。そして、地上部からは想像できないほどの木質の太い根茎で、氷河直下の撹乱に耐えている。

氷河の側面にできるサイドモレーン

ノジンカンツァン山の氷河から車でナンカルツェの中心地に向かって一〇分程度戻った場所にあるカルクサン山（姜桑拉姆峰）（標高六六七九メートル）には、山岳氷河（**図3‐27上**）があり、氷河地形がよく保存されている（**図3‐27下**）。堤防状のサイドモレーン（氷河の側面にできたモレーン）もエンドモレーン（氷河の先端部にできたモレーン）も、形成された時のままの形状を保っている。それに、エンドモレーンにせき止められて形成された氷河湖がある。そして、エンドモレーンの中央部がV字形に浸食していて、氷河湖から湖水が流れ出し、アウトウォッシュ・プレーン（氷河河川によってできた扇状地）を形成している。

どの氷河地形も、グレート・ヒマラヤの南側のネパールやブータンのものとは異なり、水によって浸食されたり、樹林に覆われたりしていない。そのため、代表的な氷河地形を学ぶことができる標本園のような場所といえる。それなのに、この氷河には名前もなく、アクセスが困難なために観光客はいない。

二〇一〇年八月に多様な氷河地形に成立する植生と土壌物理性を調査した。植物調査の際に、最もやっかいな氷河地形はサイドモレーンといえる。氷河に近づこうとすると、必ずこの小高いサイドモ

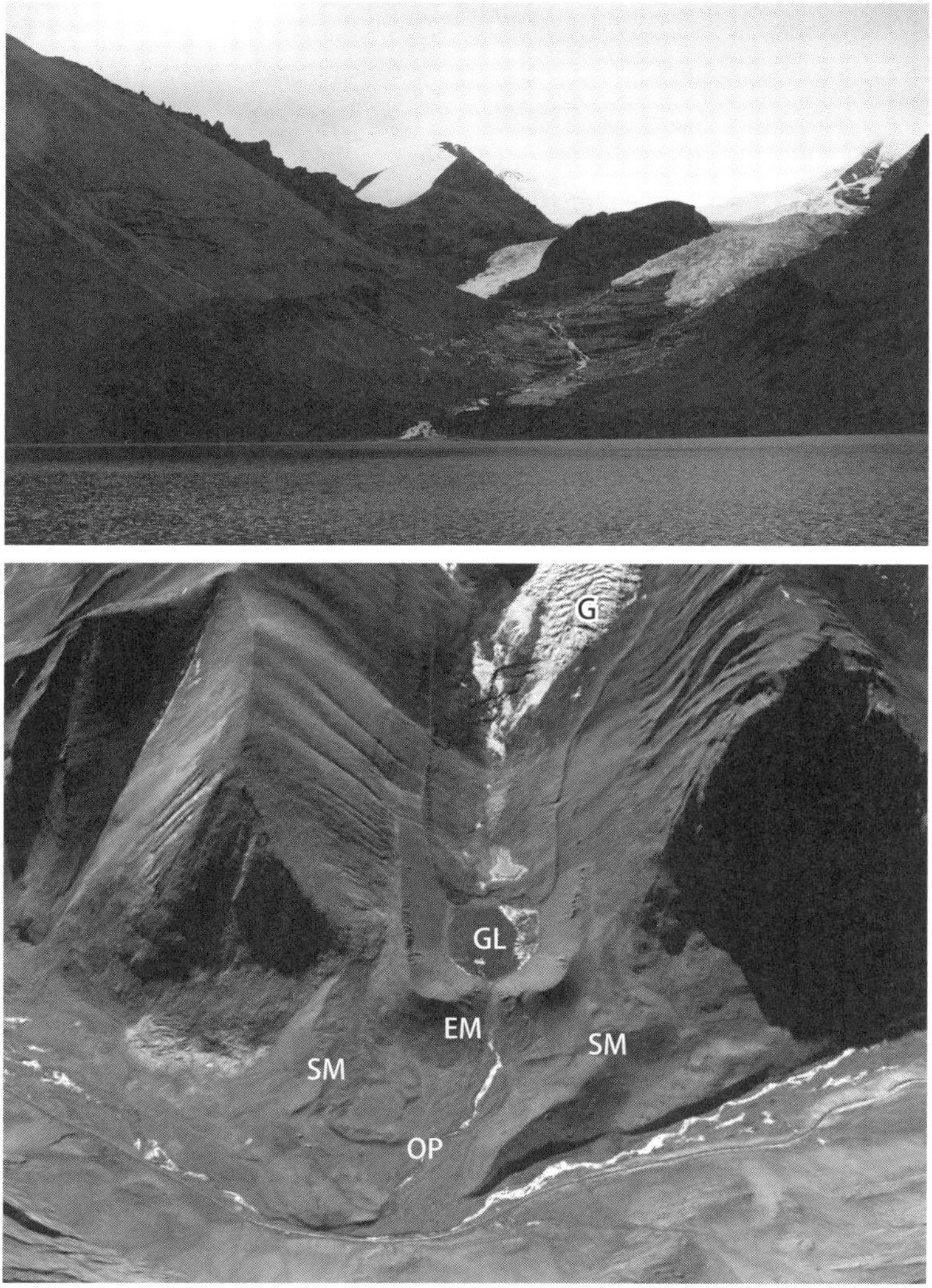

図 3-27　山岳氷河と氷河地形

上：カルクサン山の山岳氷河と氷河湖。ナンカルツェ（標高 4,882 m より撮影）。

下：氷河地形（SM：サイドモレーン、EM：エンドモレーン、GL：氷河湖、OP：アウトウォッシュ・プレーン、G：氷河）。グーグルアースより転載（US Dept of State Geographer©2016 Google, Data SIO, NOAA, U.S.Navy, NGA, GEBCO Image Landsat、画像取得日：2013 年 4 月 10 日）。ナンカルツェ。

図3-28　サイドモレーンの外側斜面とステレラ

上：高さ50mほどのサイドモレーンの外側斜面の外観。

下：茎の先端部で球状に白い花を咲かせるステレラ *Stellera chamaejasme*（ジンチョウゲ科）。

カルクサン山の氷河地形。ナンカルツェ（標高4,829m）。

レーンを越えなくてはいけない。それに、サイドモレーンは外側（氷河の反対側）と内側（氷河側）で非対称な地形となっている。特に、内側は斜面も急で、崩壊地になっている。

高さ五〇メートルほどのサイドモレーンの外側（**図3−28上**）と内側では、粒径分布が異なっているため、生育している植物がまったく異なっていた。外側は、比較的緩やかな斜面で時々岩が露出していたが、中礫（粒径四・七五ミリ以上）は一三・七％と、内側の二六・三％よりも少なく、斜面が安定しているためか、外側のほうが多くの植物が生育していた。外側斜面にはゲラルディアナ（**図3−42右上**）、トチナイソウ属（**図3−11左上**）が優占している。

そして、チベットの植物としては比較的草丈の高い植物も生育している。どれもせいぜい五〇センチ程度だが、灌木のキンロウバイ、草本では葉の鋸歯《きょし》が刺《とげ》になっているクリプトスラディア（**図3−33左下**）が優占している。華やかな色をつける植物が少ない中で、茎の先端部で球状に花を咲かせるステレラ（**図3−28下**）やホリドゥラ（**図3−4**）の透けるような紫の花が、遠目からでもよく目立っていた。

一方、内側は外側よりも急勾配となっていて、中礫が外側よりも多いので崩壊しやすい。そのため、粘土は内側が二五・〇％と、外側の一四・二％よりも高く保水性もあるように思えるのだが、スピキフォルメ（**図3−7右上**）やヨモギ属（キク科）などのような斜面崩壊などの撹乱に強い植物だけが生育していた。

氷河湖をせき止めるエンドモレーン

氷河湖をせき止めているエンドモレーンは、サイドモレーンよりも八〇メートルほど高く、地形も植生も異なっていた。そして、稜線《りょうせん》（標高四八九八メートル）はやせていて、サイドモレーンのように稜線に立つことができない。

氷河湖側は、一瞬で氷河湖に到達できるほど急峻な斜面となっていた。それだけでなく、オーバーハングしていて、いつ崩れても不思議でないくらいの急な崖となっている。氷河が現在の位置まで後退する前は、このやせた稜線の高さが氷河の厚さだったようだ。氷河の後退にともない、融け出した水がエンドモレーンによってダムのようにせき止められ氷河湖が形成された（図3-27下）。しかし、その後も氷河の後退にともない、氷河湖面が上昇しつづけた結果、エンドモレーンの中央部が決壊し、氷河湖からの流出水が長い年月をかけて決壊箇所を大きなV字渓谷へと浸食した。

エンドモレーンのやせた稜線には、氷河の上を通過した冷えきった風が容赦なく吹きつけてくるので、涙が出るほど鼻腔の奥が痛くなる。そんなやせた稜線には、ホリドゥラ（図3-4）だけが咲いていた。

氷河湖側は急な崖となっているので、唯一生育しているのはイワベンケイ属（図3-37右下）とスピキフォルメ（図3-29）で、いずれも比較的傾斜が緩くなる氷河湖面より数メートルくらいの高さに生えていた。ただし、多くのスピキフォルメは、直径三センチほどの太い根茎が引きちぎられ、木部繊維が露出した状態で枯死していた（図3-29）。

氷河湖と反対側の斜面は、いくぶん緩やかだが、灌木のユバタ（マメ科）が大群落を形成していた。この高さ一メートル前後の低木は、長軟毛が密生する葉をつけ、古い葉軸が赤褐色の刺《とげ》となっている。そのおかげで、家畜の採食を免れるので、チベットでは単一の大群落を形成しているのをよく見かけ

図3-29　スピキフォルメ

根茎が引きちぎられた枯死体。右下は同じ崩壊地に生育している個体。カルクサン山の氷河湖畔崩壊地（標高4,886m）。ナンカルツェ。

る。

エンドモレーンを越えて氷河湖に降りることはできないので、エンドモレーン中央部の浸食谷を氷河河川ぞいに上っていくしかない。お椀のような地形の底に長径が三四〇メートルほどの氷河湖があり、氷河から融け出した水が数段の滝となって、水しぶきをあげていた。滝の上にはローマ遺跡の浴場跡のように干上がった、直径四メートルほどの底が真っ平らな氷河湖跡があった。その上には、さらに長径が一六〇メートルほどの氷河湖（標高四八八〇メートル）があった（**図3-27下**）。氷河湖畔には幅数十メートルほどの砂が堆積した場所があるだけで、小さな紫の花をつけたミカンス（リンドウ科）や、薄紅の小さな花を咲かせているケイランティフォリア（ゴマノハグサ科）が生育しているだけだった。

アウトウォッシュ・プレーン——氷河河川の扇状地

サイドモレーンの内側には、アウトウォッシュ・プレーンが広がっている。そして、その中央を氷河湖から流下している氷河河川ぞいの未腐植質の上に、ヒゲハリスゲを優占種とする高山草原が帯状に成立していた。その帯の外側は土壌水分が少なくなるようで、高山ステップが取り囲んでいた。

ここには家畜の糞が落ちていない。チベットでは、どんな急峻な斜面でもどんな岩場でも、植物が生えているところには必ず家畜の糞が落ちている。しかし、サイドモレーンだけでなく、アウトウォッシュ・プレーンにも家畜の糞は落ちていなかった。エンドモレーンにあるのは刺《とげ》のある灌木のユバタの群落なので、餌場にならないことは理解できる。アウトウォッシュ・プレーンには高山草原が成立しているので、家畜にとってはよい餌場になるはずだが、さすがにサイドモレーンを越えてまでは、家畜も通えないようであった。

氷河に削られた谷

ニェンチェンタンラ山脈の氷食谷（U字谷）（氷河の浸食によって形成された急な斜面の谷壁と広く平らな谷底をもつU字形の渓谷）は、豊かな水に育まれた広大な放牧地が広がっている（**図3-30上**）。夏の緑豊かな時期にだけ、氷食谷の氷河河川ぞいに広がる高山湿原やその周辺の高山草原でキャンプ生活をおくりながら、放牧している。かつて氷河が流れていた氷食谷は、氷河の浸食作用によって渓

図3-30　氷食谷（上）、V字谷（下）
上：ニェモ（標高5,228m）より撮影。
下：ポミ付近のパロンザン川（標高2,800m付近）。

図3-31　氷食谷の放牧地で
男性はヤクの毛を編んだ布を縫製し（左）、女性はヤクの毛を織っていた（右）。ニェモ（標高4,974m）。

谷がU字状に削られているので、別名U字谷とも呼ばれている。一方、河川の浸食によってできた渓谷はV字谷と呼ばれている（**図3-30下**）。V字谷は渓谷の幅が狭く、河川敷もあまり発達していない。それに対して氷食谷は谷壁こそ急傾斜だが、幅の広いなだらかな谷底となる。そのため上流に氷河が残っていれば、そこから流れ出した氷河河川の周辺部には、高山湿原や高山草原が成立するので、夏の放牧地として利用されるのだ。

河川敷にはヒゲハリスゲで覆われたアースハンモックが広がり、山羊が放牧されていた。放牧生活をしているチベット人家族は、男性はヤクの毛を編んだ布を縫製し、女性はヤクの毛を織っていた（**図3-31**）。そんな二人の大人につかず離れず三人の子どもたちは、大人たちの作業を手伝っているような、じゃまをしているような、子どもらしい気まぐれさをふりまいていた。

氷食谷には、時々周囲の地質とはまったく異なる大型トラックほどの岩が、不自然に点在していることがある。その岩も氷河地形の一つで、迷子石と呼ばれている。迷子石は、氷河によって削り取られ、氷河の流れに乗って下ってきた岩で、氷河が後退した後に取り残されたものだ。

氷河の後退と植生遷移

チベットの氷河地形の植生は一様ではなかった。氷河河川によって涵養されているような河川敷や、氷河の前面に土壌が堆積したアウトウォッシュ・プレーンには、高山湿原や高山草原が成立している。一方で、氷河直下やモレーンでは常に土壌が攪乱状態となっていて、有機物層も発達していないため高山ステップや高山荒原で見かける植物が生育していた。

植生は、過去の気候変動にともなって大きく変化していく。それは、チベットでも例外ではない。氷河の後退によって順次、植物が定着できる地表面が露出していく。植物の遷移には一次遷移と二次遷移の二種類がある。一次遷移は火山の噴火など地面が溶岩で覆われて、植物が生育可能な土壌が発達していない状態を出発点としているので、植生の遷移と同時に土壌も発達していく遷移である。一方、二次遷移は火災や伐採などによって、地上部のみが刈り取られた状態を出発点とするので、有機物や植物の生育に必要な養分などを含むすでに発達した土壌から遷移する。氷河が後退すると、まず岩盤が露出し、そこを出発点として植生の遷移とともに土壌も発達していくので、氷河後退域の植生遷移は一次遷移といえる。

人々の営みと植物

地球上の陸域には、砂漠などの極端な乾燥地、常に氷に覆われた極域や氷河、そしてコンクリートで覆われた市街地などを除けば、ほとんどに何らかの植生が成立しているといえる。どのような植生が成立するかは、気候、地形、土壌や攪乱状況によって決まる。現在の陸域は、人の営みの影響を受ける以前の自然植生ではなく、そのほとんどが人の営みの影響を直接的もしくは間接的に受けている代償植生（もしくは人為的植生）といえる。チベットでは、植物の生えている場所では、必ず放牧がされているし、何らかの人の営みがある。そのため、土壌水分の相違や周氷河地形という自然環境だけでなく、人の営みについても植生成立要因として調査対象とする必要がある。

世界でいちばん高い村

プマユム湖東岸の一角に、絶壁状に突き出た小高い半島がある。ここに一五〇人ほどのチベット人が住むツィ村（**図3–32上**）があり、人が定住している世界最高地点（標高五〇五〇メートル）とされている。あまりに高所であるために、農作物の栽培はできず、羊やヤクを湖畔や周辺部で放牧し、生活の糧を得ている（**図3–32下**）。そのため、プマユム湖畔に生える植物は、このような家畜たちの採食を当然受けることになる。

図3-32　プマユム湖畔のツィ村（上）と放牧風景（下）
ツィ村は人が定住している世界最高地点（標高5,050m）とされている。

図3-33　家畜が採食しない植物

左上：大きな群落を形成しているトリカブト属 *Aconitum* sp.（キンポウゲ科）。ナンカルツェの高山草原（標高4,943m）。

右上：高山湿原一面がロンギフロラ *Pedicularis longiflora* subsp. *tubiformis*（ゴマノハグサ科）で覆われている。ヤムドク湖畔の高山湿原（標高4,457m）。

左下：葉先が刺毛になるクリプトスラディア *Cryptothladia polyphylla*（モリナ科）。ナンカルツェの高山ステップ（標高4,943m）。

右下：採食されないイラクサ *Urtica hyperborea*（イラクサ科）だけが点在する。プマユム湖畔の高山ステップ（標高5,021m）。

放牧されている羊やヤクは採食できる植物と採食しない植物を区別しているため、家畜の採食が植生成立の一要因となっているといえる。高山湿原や高山草原の優占種であるヒゲハリスゲや、その他のカヤツリグサ科のスゲ属、ハリイ属などは採食できる植物で、どこで出会っても短くていねいに刈りこまれた緑の絨毯のようになっている。

一方、採食しない植物は、毒性のあるトリカブト属（**図3-33左上**）、そしてシラミの駆除に用いられたためにラテン語のシラミ（Pediculum）が属名の語源となったロンギフロラ（**図3-33右上**）など、何らかの忌避物質が含まれている可能性があるものである。さらに刺《とげ》をもち、物理的に採食が不可能なホリドゥラ（**図3-4**）、クリプトスラディア（**図3-33左下**）、イラクサ（**図3-33右下**）などである。

これらの採食しない植物は、プマユム湖畔だけでなくチベット南部の放牧地で群落を形成しているのをよく目にすることから、チベット南部の植生は、家畜の採食によって成立した二次植生、つまり人為的植生といえる。

自然植生はどこに？

プマユム湖畔での植物調査前に唯一入手できた資料は、チベットの植生を概説した『西蔵植被』という中国語で書かれた書籍だけだった。この書籍によれば、プマユム湖畔は、標高五〇〇〇メートルの高所ゆえ低温で、グレート・ヒマラヤがインドモンスーンの障壁となっているため乾燥した地域と記載されている。そのため低温乾燥に適応できたヨモギ属やハネガヤ属（イネ科）の草原が広がっているという。しかし、実際にプマユム湖畔で植物調査をしてみると、ヨモギ属は湖畔ではまったく確認できず、プマユム湖上の島々だけでブレヴィフォリア（キク科）の生育が確認できた。

プマユム湖畔での放牧は冬も続くが、厳冬期には枯れ草さえも完全になくなってしまう。一方、プマユム湖上の島にはカヤツリグサ科やブレヴィフォリアなどが生育していて、しかも人も家畜もいない。そのため、湖畔に生える植物のように夏の成長期に家畜による採食は受けないので、厳冬期でも地上部は立ち枯れたまま残っている。そこで、ツィ村の人々は、氷結したプマユム湖面を羊に渡らせて、湖面に浮かぶ島で枯れ残っている地上部を採食させる。つまり島の植物は、厳冬期に枯れた地上部だけが羊に採食されるので、ほぼ自然植生に近い状態で維持されてきた。そのため、チベット人が放牧を始める以前のプマユム湖畔の自然植生は、この湖面に浮かぶ島にのみ残存していることになる。

プマユム湖畔は地形的には周辺地域から隔離されているかのような盆地地形を有しているが、風や動物による自然の力、プマユム湖畔の幹線道路を通る人やバスなど人の力で、盆地地形の内と外の間で種子が運ばれているようで、固有の植生や植物種には出会えなかった。チベットの自然植生を調査したければ、家畜や人間が行けないような場所に行かなくてはならないのだ。

逆転した森林帯と草原

日本国内の山岳地帯を登山する際には、まずは樹林帯を登る。そして、やがて樹林帯の樹高は低くなり、ハイマツ帯を抜けるとようやく視界が開け、高山草原のお花畑を目にすることができる。日本の高山帯では樹木が生育できるのは森林限界までで、その上には草原が成立する（**図3-34上**）。しかし、チベットではこれが逆転していることがある。

図3-34　日本の高山帯（上）とチベット東部の山岳地帯（下）
上：森林限界よりも高所に草原が成立している。北アルプス・薬師岳への登山道ぞいには高山草原が成立し、その下にハイマツ帯が成立している。富山県（標高2,100m付近）。
下：森林帯と草原帯が逆転している。ニンティ付近の周辺の山々は、麓から中腹部にかけて放牧地となっているために高山草原が成立し、その上にトウヒ *Picea likiangensis* var. *linzhiensis*（マツ科）が生育する森林帯となっている（標高3,000m付近）。

チベット東部のニンティ付近の周辺の山々は、中腹部から頂上付近までかなり密集した状態で、トウヒやその他の針葉樹で覆われている。しかし、中腹部付近から麓にかけて少しずつ疎林《そりん》となり、やがて麓までくると家畜が放牧されている草原となる（**図3―34下**）。ちょうど、日本のスキー場に夏出向くと、積雪のないスキー場は広大な草原となっていて、その上に森林帯があるのと同じ景観といえる。ただし、日本のスキー場の場合には、斜面の土壌流亡などを防ぐために、管理者が牧草を育成しているが、チベットの森林帯の下の草原は、家畜の採食によって成立したものだ。家畜の採食によって起こった垂直分布の逆転現象は、ヒマラヤならばチベットだけでなく、グレート・ヒマラヤ南側のネパールやブータンでも見かける景観である。

未腐植質が建築資材

チベットでは「背負い子《しょいこ》」に家畜の餌となるような草を積み上げ、運ぶ姿を目にすることがなかった。このことから、東アジアで時折目にする「つなぎがい」は行われていないと推察できた。「日帰り放牧」と、人と家畜がともにキャンプ生活を送りながら移動する「移牧」が行われていた。日帰り放牧や移牧の際に、家畜を囲っておく施設（**図3―35左**）や建家（**図3―35右**）がプマユム湖南岸にあった。家畜を囲っておく施設や建家の茶褐色の壁は、すべてブロック状に切り出された未腐植質が積み上げられたものだった。樹木が生えない標高五〇〇〇メートルでは、現地で木材を入手することはできない。かといって木材を下界から運んでくるほどの経済力も運搬手段もないと思う。そこで湖畔の未腐植質をブロック状に切り出し、それを積み上げ家畜を囲っているのだ。私も未腐植質の切

図3-35　未腐植質で造られた施設（左）と建家（右）

左：日帰り放牧や移牧の際に家畜を囲っておく施設。

右：使用目的はわからないが家畜を囲っておく施設に隣接している建家。

プマユム湖畔（標高5,030m）。

り出しにくさを体験しているだけに感心した。

しかし、家畜の餌となるカヤツリグサ科が未腐植質上に生えることを考えると、当然、持続可能性を考慮して利用する必要があるだろう。未腐植質を切り出したあとには、家畜の餌となる植物が生えない高山ステップの裸地が広がる。これまで植物調査をしてきた高山ステップの中には、未腐植質の切り出し跡もあったのかもしれない。

畑の雑草

チベットは高山帯であるが、私たちが調査した地域に限れば標高四五〇〇メートルまでの高さで、灌漑が可能な場所ならば、畑作も行われている。それに、ラサ郊外では施設園芸が行われている。小さな里地の麦、ジャガイモやアブラナが耕作されている風景は目にやさしく、ほっとした気分になる。そして、日本とは異なる雑草を目にする。畑の用水脇などの湿ったあぜ道でストラミネア（**図3-36左**）をよく見かけた。チベットのリンドウ属（リンドウ科）の多くは草丈が数センチほどと小さく、目立たないものが多

図3-36　畑の雑草

左：ストラミネア *Gentiana straminea*（リンドウ科）。チュスム（曲松）のアブラナ畑（標高4,164m）。
右：ヨウシュチョウセンアサガオ *Datura stramonium*（ナス科）。サンリ（桑日）の耕作地（アブラナ、トウモロコシ、ジャガイモ、小麦）（標高3,562m）。

い。だが、この植物は三〇～四〇センチほどの花茎を伸ばし、先端に白い花を輪生《りんせい》していて、直径が五〇センチほどの大株になっていた。これだけ目立つ植物ならば、除草の際に見落とすことはないと思うのだが、よく畑の雑草として生えている。わざと抜かずに残しているのかもしれない。

雑草とは、農学的には耕作目的以外の植物ということなので、例えばジャガイモでも麦畑に生えていたら、雑草になる。一般的には農業において雑草は忌み嫌われるが、清楚な花をつけるストラミネアは、チベットの耕作地では農学的には雑草となるものの、忌み嫌われてはいないようだ。日本でも、耕作地で時折、帰化植物のタカサゴユリ（ユリ科）を見かけることがある。奇しくも白い花に対して畏敬の念のようなものを感じるのか、防除するにはあまりにも可憐な花と思うのか、どちらも抜かずにあえて残しているのかもしれない。

このリンドウは、中国の西部やグレート・ヒマラヤ南側のネパールにも分布している。チベットと同じように、高山帯の比較的湿り気のある草地や耕作地などによく生えている。チベットをはじめ、ヒマラヤの湿った場所に生育する植物は、中国の横断山脈で起源したものが、ヒマラヤ山系を植物の回廊として西へと移動したと考えられている。

外来種──ヨウシュチョウセンアサガオ

同じようにもう一つよく見かける雑草があった。白いラッパ状に広がる花冠が特徴的で、世界各地で雑草化しているヨウシュチョウセンアサガオ（図3‐36右）だ。ナス科なのにアサガオの名を冠しているのは、その花がヒルガオ科のアサガオに似ているからである。また、チョウセンというのは朝鮮の意味ではなく、単に外国産という意味である。

最近ではその花の形から、エンジェルズ・トランペットという、なんとも愛らしい名で呼ばれることもあるが、日本では明治初期に到来し、現在は各地で雑草化してしまった帰化植物として嫌われている。それは、繁殖力が旺盛で防除困難なだけでなく、この植物にはアルカロイドが含まれていて、世界各地で幻覚剤としても使用されているからだ。だが、薬用にも用いられる。江戸時代の外科医である華岡青洲《はなおかせいしゅう》は、この植物の仲間である曼荼羅華《マンダラケ》（チョウセンアサガオ）（ナス科）の実を用いて、日本で最初の全身麻酔をした外科手術（乳がん手術）に成功している。

この植物の属名であるDatura《ダチュラ》は、古いヒンドゥー語の「植物」に由来することから、古くからインドでも生育していたものと思われる。陸続きのチベットに生えていても、なんの不思議もない。しかし、日本各地で外来種として忌み嫌われている植物に、チベットで出会うとは複雑な気持ちだ。

チベットの薬用植物

チベットでの調査のもう一つの目的は、チベット医学に用いられている薬用植物の生育地や流通、市場などを調査することであった。チベット医学は、インドの伝統医学アーユルヴェーダを基礎とし、生と死の双方を見すえて、宗教と医療を総合的に説《と》いたスピリチュアルな独自の宇宙観、身体観、病理観などを体系化したものである。アムチと呼ばれるチベット医は、さまざまな生薬《しょうやく》（鉱物、動物、植物など自然由来の薬物）を処方し、治療を行う。

これまで、ブータン、ネパールなどで、アムチが用いる薬用植物を調査してきた。チベットは、古来より中医学（中華人民共和国成立以降に、多様な中国伝統医学を整理・統合した医学大系）や日本の漢方（中国伝統医学の一種で、日本独自の医学大系）で使用する薬用植物の代表的な産地である。そのため、薬用植物資源の産地として有名なチベットで、薬用植物自生地の状況や、流通状況を調査することも、生薬学の重要な一分野である。

生薬とは

生薬とは、漢方処方などに用いられる鉱物、動物および植物などの自然物に、修治《しゅうじ》という乾燥、蒸すなどの何らかの加工を施したもので、特定の有効成分のみを精製しないで使用する。また、この生薬を単品で用いる場合は民間療法であり、漢方では理論体系にもとづき何種類かの生薬を組み合わせて処方する。

生薬は薬用で用いる部位に生薬名があり、そのもととなる植物を基原《きげん》植物と呼ぶ。例えば、朝鮮人参や高麗人参というのは通名や商品名である。正式には、生薬名はニンジン（人参、Ginseng Radix）と植物名同様にカタカナ表記され、ラテン語の生薬名もある。また、基原植物名はオタネニンジン（ウコギ科）である。

このように生薬名と基原植物名が異なる同種異名もあれば、生薬名と基原植物名が同じ場合もある。そこで、本章では生薬名と基原植物名の混同を避けるために、生薬の場合には生薬名の前に生薬と記すことにする。

生薬のお土産

ラサを訪れるたびに生薬を探したのだが、薬材店を探しても見つからず、薬局をのぞいても販売されていなかった。唯一、ポタラ宮前の百貨店内に、観光客相手にチベット特産の高価な生薬が売られているだけで、それは現地の一般の人々が買い求める医薬品というよりも、観光客相手のお土産品として売られていた。

動物生薬でよく売られているのは、ヤクのペニスを乾燥させたもので、五〇元（約八三五円、二〇〇六年八月のレート、以下同じ）と価格も手ごろなものだった。一方、中国（甘粛、青海など）、ロシア、モンゴルなどの乾燥地帯に生息し、現在ではワシントン条約で商取引が規制されている生薬レイヨウカク（ウシ科サイガカモシカの角《つの》）は、一〇二〇元（約一万七〇三四円）と最も高価な値がついていた。いずれも滋養強壮を目的とする生薬であるが、たいそうな化粧箱に入れられているので、服用するよりも、むしろ土産品として飾っておくほうがよいように思えた。

植物生薬でいちばん人気だったのは、生薬セツレンカ（雪蓮花）と呼ばれるチベット、横断山脈、そして天山山脈などの礫が多い斜面に自生するトウヒレン属（**図3－1**）の全草を乾燥させた生薬である。この生薬は、かつては皇帝のみが服用できたといい、滋養強壮や精力増強に対して即効性があるといわれている。そのため、他の植物生薬は袋売りか量り売りされているのに、これは一株ずつていねいに並べられ、一〇センチ程度のものが一株一〇元（約一六七円）で販売されていた。販売されていた生薬セツレンカは、トウヒレン属の特徴が生薬になっても残存していたが、基原植物を種レベルで調べることはできなかった。

一方、袋売りされている植物生薬も決して安価ではなかった。竜胆花《りゅうたんか》と記載されている袋の中身は、高山草原などで何度も見かけた花茎をほとんど伸長させない、地際で開花するギルヴォストリアタ（**図3－7右下**）の全草だった。蔵因陳《ぞういんちん》は、ラサ市内でもよく見かけるヨモギ属の地上部を乾燥して裁断したもので、両種ともに全形をとどめておらず、種レベルで基原植物を調べることはできなかった。

これらの袋入りの植物生薬は、観賞に値しないので服用するのだと思うが、いずれも漢方のように複数の生薬を配合して服用するのではなく、単品を煎じる民間療法的に用いられていると思う。同行してくれた中国科学院の研究者に、両生薬の効能を店員に聞いてもらったが、いずれも滋養強壮だとか、精力増強という返答しか返ってこなかった。

薬草エキス入りの清涼飲料水

日本のスーパーマーケットにあたる超市場では、チベットの薬草エキス入りの清涼飲料水が売られていた。冬虫夏草とポタラ宮の写真が印刷されている三〇〇ccのものは、商品名が「西蔵虫草」となっている（**図3‒37左上**）。西蔵はチベット、虫草は生薬の冬虫夏草のことなので、この飲料水はチベット産の冬虫夏草飲料ということになる。冬虫夏草（**図3‒37右上**）は、地中にトンネルを掘って暮らす蛾の一種であるコウモリガの幼虫に寄生するキノコである。中医学、漢方、薬膳料理などで、滋養強壮を目的に使われているので、中国だけでなく、その周辺の国々にも広く知れわたっている。

最近では、日本でも中国でも人工的に培養した冬虫夏草が商品化されている。しかし、成分組成や含量に関係なく、希少性ということから、チベットで採集された天然物のほうが、人工的に培養されたものよりも高値で取引されている。以前、四川省の康定《こうてい》という町で、冬虫夏草の仲買人をしているチベット人に値段を聞いたことがあるが、現地でも大きい上品になると冬虫夏草一つが三〇元（約三九九円、二〇〇五年六月のレート）になるといっていた。一方、ブータンのパロ国際空港の売店には、長さ四・五センチの最良品が一本五二八〇ヌルタム（約八九七六円、二〇一六年三月のレート）で販売されていた。一〇年以上前の産地価格と比較してもあまり意味がないかもしれないし、空港の売店ということもあり、通常のものよりも割高になっているにしても、二〇倍以上の高値になっていた。

知り合いのブータン人から聞いた話だが、最近はブータンの冬虫夏草がチベット側から不法に入国し

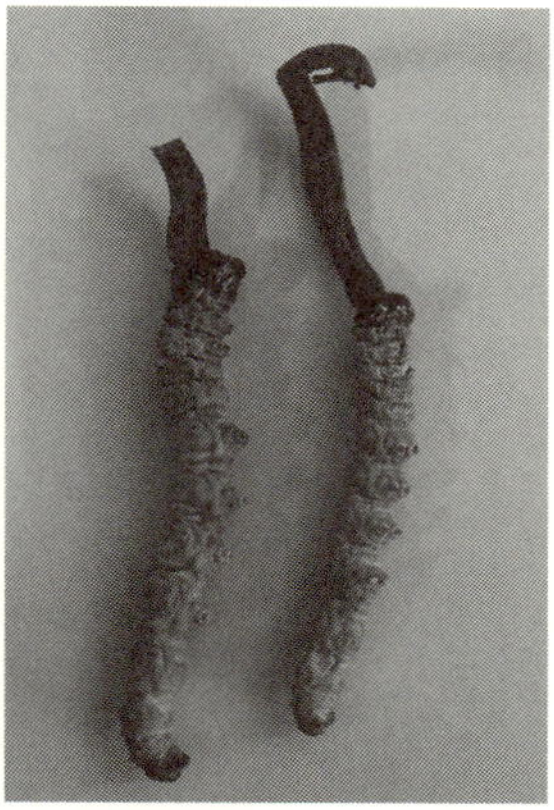

図3-37　ラサで売られていた生薬入り清涼飲料水とその基原生物

左上：冬虫夏草とポタラ宮の写真が印刷されている清涼飲料水。

右上：冬虫夏草。

左下：聖地紅景天と印刷された清涼飲料水。

右下：イワベンケイ属 *Rhodiola* sp.（ベンケイソウ科）。カルクサン山の氷河湖畔崩壊地（標高4,886m）。

てきた人たちによって、大量に採集されているとのことだ。そのため、ブータンでは冬虫夏草の価格が高騰していると嘆いていた。

この三〇〇ccの缶の中身にどれほどの効果効能のある成分が含まれているかわからないが、この西蔵虫草という清涼飲料水は七・五元（約一二五円、二〇〇六年八月のレート、以下同じ）、ペットボトルのミネラルウォーター（五〇〇cc）が二元（約三三円）前後で買えることを考えると、市販の清涼飲料水としてはかなり高価なものといえる。

もう少し手ごろな価格のものは、二五〇ccの赤い缶に「聖地紅景天《こうけいてん》」と印刷された二・六元（約四三円）の清涼飲料水だ（**図3-37左下**）。聖地はラサのことで、紅景天というのはイワベンケイ属（**図3-37右下**）の根茎を基原とする生薬である。紅景天は滋養強壮、赤血球の産出促進など、高山病の薬として使用されている。チベット南部の崩壊地斜面などに生育しているのを調査中何度か目にすることができた。ただし、この植物の生薬部分である根茎は非常に長いので、掘り出すのは大変苦労する。

西蔵虫草も聖地紅景天も飲んでみたが、喉が痛くなるほど甘く、日本で売られている栄養ドリンク剤のような味がした。これらの清涼飲料水にどの程度の薬用成分が含有されているのかは定かではないが、どちらも化粧箱入りのものが観光客によく売れていた。ちなみに、ポタラ宮の前にあるアメリカの有名なコーヒーチェーン店と外装がそっくりな店で、レギュラーコーヒーを飲んだ時に三五元（約五八五円）を支払ったので、コーヒーにくらべれば、いずれも安価といえるかもしれない。

図3-38　ウルヌラ *Gentiana urnula*（リンドウ科）
左：岩屑斜面で花を咲かせていた。
右：採集して宿に持ち帰り、一晩おいたら節の間が伸長していた（矢印の部分）。
ダムシュンの岩屑斜面（標高5,442m）。

節間伸長をやめたリンドウ

チベットの峠は、たいていが標高五〇〇〇メートル以上で、チベット仏教独特の祈禱旗である極彩色のタルチョの切れ端などが散乱している。そして、周氷河地形の一種である岩屑斜面だけの殺風景な景観が広がっていることが多い。このような常に風にさらされている岩屑斜面には、ウルヌラ（**図3-38左**）がよく生えている。この薬草の味は苦く、解熱や解毒の薬効があるとされている。以前ブータンの伝統医薬博物館で、生薬として大量に展示されていた乾燥した姿は見たことがあったが、生きた姿を見たことがなかった。しかし、たいした花を咲かせているわけではない。

質の薄い白い花弁の先端部分だけ暗紫を帯びた、壺のように丸みのある鐘型の華やかさのかけらもない花を、花茎に一個もしくは二個つけている。花茎は短く岩屑から直接花が突き出しているようにも見えるが、花茎の下には何重にも革質の葉が中脈を境に内に折れている。節間（葉と葉の間の茎）が伸びていないため、もしも花がついていなければ緑色の鉱物の結晶に見えてしまう。それくらい葉の様相に無機的なものを感じてしまった。このリンドウも悪天候のためか花冠を閉じていた。

完全に開花した姿を撮影しようと、ていねいに宿泊施設に持ち帰り、一晩水にさしておいた。するとまったく想像しなかったような姿となっていた（**図3–38右**）。節間だけが異様なまでに伸びていたのである。このリンドウは節間伸長が「できない」のではなく、「しない」だけのようであった。本来の潜在能力を封印してしまったのか、それとも発揮できずにいるのかはわからないが、節間伸長をやめてしまったようだ。生薬としての薬効成分よりも、むしろ節間伸長の生理機能が気になる植物である。

正倉院の宝物——錦紋大黄《きんもんだいおう》

ラサに行くには、北京からの直行便もあるが、なかなかチケットが手に入らない。そのため、北京から四川省の省都である成都経由でラサに向かうことが多い。成都空港の売店には、生薬ダイオウ（大黄）の根茎二〇〇グラムが四八元（約八〇二円、二〇〇六年八月のレート）で売られている。空港で生薬が売られているのは、成都が、安国（河北省）、西安（陝西省）などとともに、中国の生薬集積地として有名で、特に中国で産出するおもな生薬ダイオウは、成都に集積するためである（**図3–39**）。つまり、生薬ダイオウは成都の特産品ということである。

この生薬は多くの漢方処方に用いられていて、瀉下《しゃげ》作用（便秘解消）、消炎作用などの薬効が認め

図3-39　生薬ダイオウ

左：根茎を輪切りにして乾燥したもの。基原植物は不明。

右：根茎を丸ごと乾燥させたもの。基原植物は不明。

成都の荷花池《かかち》市場。

られているため、日本でもその使用の歴史は古く、天平《てんぴょう》にまで遡ることができる。宮内庁の委託で、正倉院薬物の科学的調査が昭和二三（一九四八）から昭和二六（一九五一）年まで実施され、各薬物の写真、外形、重量、化学成分が『正倉院薬物』にまとめられた。

この書籍に、正倉院に保存されてきた生薬ダイオウの写真と所蔵記録が載っている。正倉院の生薬ダイオウは、甘粛省、青海省、四川省、チベットで産出され、流通名が錦紋大黄と呼ばれる最良品の生薬ダイオウだった。すでに奈良時代には、数々の宝物と一緒にシルクロードを通って、奈良の地にまで届けられていたことがうかがえる。さらに、経年変化のために褐色が濃くなっているが、有効成分であるアントラキノンの分解損耗は認められないと報告されている。

ダイオウの雑種問題

奈良時代から日本でも知られていた生薬ダイオウの基原植物は、現在の日本薬局方ではタデ科のショウヨウダイオウ（掌葉大黄）、タングートダイオウ（唐古特大黄）、ヤクヨウダイオウ（薬用大黄）、チョウセンダイオウ（朝鮮大黄）の四種と、それらの種間雑種の通例は根茎である。そして、朝鮮半島に分布するチョウセンダイオウ以外のショウヨウダイオウ、タングートダイオウおよびヤクヨウダイオウの三種は、いずれも中国西部の甘粛省、青海省、四川省、チベットなどの高山帯にのみ自生する。いずれも大型の多年生草本で、直立する花茎は高さ二メートル以上になり、葉の長さも一メートル以上にもなる。特に、チベットはショウヨウダイオウとタングートダイオウのおもな自生地となっている。

これまでチベット以外の地域からショウヨウダイオウ、タングートダイオウおよびヤクヨウダイオウの三種を採集している。しかし、チベットのものについては、未だ採集に至っていない。そのため、チベットでもどうにか野生のものを採集したい、もしくは生薬でもよいので持ち帰りたいと思っていた。しかし、ポタラ宮前の百貨店内では、観光客相手にチベット特産の高価な生薬セツレンカ（雪蓮花）などは売られていたが、生薬ダイオウを探し出すことはできなかった。かつて、生薬ダイオウの基原植物は、道路脇にも自生していて、容易に探すことができたと聞いていた。しかし、爆走する四輪駆動車の車窓からでも十分に探し出せるほど大型の植物なのだが、自生しているものを見つけることはできなかった。

生薬ダイオウの基原植物をはじめ、中国で産出するほとんどの生薬は、野生品を採集している。そのため、近年、生薬資源の激減が問題となっている。野生品の保護のために、多くは栽培化されはじめているが、それでも野生品に依存しているのが現状である。ナクチュで宿泊したホテルの玄関先に、探し求めていた生薬ダイオウの基原植物が植栽されていた。中国に自生している生薬ダイオウの基原

図3-40　生薬ダイオウの基原植物ダイオウ属
宿泊したホテルの玄関先に植栽されていた。ショウヨウダイオウ *Rheum palmatum*とタングートダイオウ *R. tangticum*の雑種と推定される。ナクチュ（標高4,480m）。

植物であるショウヨウダイオウ、タングートダイオウおよびヤクヨウダイオウの三種は、通常は葉の切れこみの深さと、花の色で識別できる。植栽されていたものは、葉の切れこみの深さはタングートダイオウの特徴を有していたが、花の色はショウヨウダイオウと同じ淡赤色だったので種識別ができなかった（**図3-40**）。

　生薬ダイオウの基原植物であるダイオウ属は他家受精の性質をもつので、種間雑種の作出が可能である。この性質を利用して、チョウセンダイオウ（母系）とショウヨウダイオウ（父系）の雑種に、チョウセンダイオウ（母系）を戻し交雑して作出されたシンシュウダイオウ（信州大黄）が、日本国内で栽培されている。

　種は、生殖的に隔離されているはずである。そのため、ショウヨウダイオウとチョウセンダイオウのように種間雑種が作出できるということは、種の概念と矛盾することになる。このような矛盾が生じる原因は、多くの植物が生殖的に隔離されているかで定義された生物学的種ではなく、形態の違いによって定義される形態学的種で分類されているためである。つまり、ショウヨウダイオウとチョウセンダイオウは形態学的種としては異種となるが、種間雑種の作出が可能ということから生物学的種としては、同種ということになる。

植物の中には形態的に明確に区別でき、他種と交雑もしない、形態学的種と生物学的種の分類が一致するGood Speciesと呼ばれる分類群がある。しかし、生薬ダイオウの基原植物は、雑種形成が可能である。ナクチュで宿泊したホテルの玄関先に植栽されていたものは、雑種である可能性が考えられた。日本薬局方ではショウヨウダイオウ、タングートダイオウ、ヤクヨウダイオウ、チョウセンダイオウの四種と、それらの種間雑種と記載されているので、生薬としての品質が保証されているのならば、基原植物が雑種であろうと関係ないことになる。しかし、植物学的にはどのような雑種が形成されているのか非常に気になる。

環境指標にならないマオウ

生薬マオウ（麻黄）は、エフェドリンというアルカロイドの一種が含まれていて、葛根湯をはじめとする多くの漢方処方に用いられている。主要成分のエフェドリンは交感神経興奮作用があり、血圧上昇や発汗作用などが認められる。また、エフェドリンには喘息を緩和する効能があり、しかも持続性がある。

図3-41　サクサティリィス
Ephedra saxatilis（マオウ科）（雌株）
マオウ属は雌雄異株。雌花が熟して紅色肉質となっている。ギャツァの高山荒原（標高3,256m）。

裸子植物の常緑低木で、しかもマオウ科に属するのはマオウ属のみである（**図3−41**）。マオウ属はユーラシア、北アフリカ、南北アメリカと広く世界中に分布し、古くから薬用や向神経作用について知られていた。日本の漢方で用いられる生薬マオウの基原植物であるシナマオウ（草麻黄）、チュウマオウ（中麻黄）、モクゾクマオウ（木賊麻黄）などは、中国東北部、モンゴル、甘粛省などの砂漠や乾燥した礫帯に生育している。

　生薬マオウは、生薬として非常に需要が高いにもかかわらず、一部栽培化されているだけで、生薬ダイオウをはじめとする他の生薬の基原植物と同様に、ほとんどは未だ野生品の採集に依存している。マオウ属の多くは他の植物が生育できないような砂漠、礫帯に生育しているため、野生品の過剰な採集や家畜の過放牧による採食圧は、砂漠化を促進させる要因となっている。そこで、中国政府は乱獲防止や自生地保全に取り組みはじめ、一九九九年以降は輸出を厳しく制限している。生薬マオウは多くの漢方処方に用いられる生薬であるため、今後さらに資源量が減り、輸入が制限されると、医療に大きな影響を与えかねない。そのため、日本国内での生産体制の確立のための栽培研究もされているが、実用化には結びついていないのが現状である。

マオウ属は生薬資源として重要であるというだけでなく、花粉分析でも重要な役割を果たしている。花粉分析とは、湖底や海底の土壌堆積物などから花粉や胞子を取り出し、花粉の植物種を同定することである。花粉が取り出された地層の年代測定を行えば、その時代の植生や古環境を推定することができる。マオウ属は花粉分析の際には、高山ステップや高山荒原のような乾燥した植生の指標となっている。

多くの植物図鑑が、マオウ属の生育地は砂漠や乾燥した礫帯と記載している。確かにネパールのアンナプルナでは、砂漠や乾燥した礫帯で大きな群落を目にすることができる。いずれのマオウ属も株の直径が二メートルを超える大株で、道路脇に大群落を形成していた（**図3-42左上**）。

チベットもマオウ属の自生地となっていて、二種類のマオウ属を見つけることができた。一つは、サクサティリィスで、ギャツァ（加査）（標高三二五六メートル）（**図3-41、図3-42左下**）の高山荒原に自生していたので、定説どおりに乾燥地の指標となるものであった。しかし、もう一種のゲラルディアナは、ダムシュン（当雄）（標高三二五六メートル）（**図3-42右上**）の高山荒原やノジンカンツァン山のカロー・ラ氷河付近のアウトウォッシュ・プレーン（標高四八九七メートル）に成立した湿潤な高山草原（**図3-42右下**）にも自生していた。

このようにチベットでは、マオウ属は乾燥した高山荒原から湿潤な高山草原までに生育しているので、乾燥の指標植物とはいえない。同じ科や属であっても、種ごとに生育地土壌の乾湿条件が異なっているのは、マオウ属だけでなくカヤツリグサ科でも同じことがいえる。カヤツリグサ科も、スゲ属

右上：ゲラルディアナ *E. gerardiana*。ダムシュンの高山荒原（標高3,256m）。
右下：ゲラルディアナ *E.gerardiana*。ノジンカンツァン山のカロー・ラ氷河付近のアウトウォッシュ・プレーン（標高4,897m）。

図3-42　マオウの生育地

左上：マオウ属（種不明）*Ephedra* sp.。ネパール・アンナプルナの高山荒原（標高2,752m）。

左下：サクサティリィス *E. saxatilis*。ギャツアの高山荒原（標高3,256m）。

（図3‐15上）のように高山荒原で単一群落を形成している場合もあれば、ヒゲハリスゲ（図3‐13）のように湿潤な高山湿原や高山草原の優占種になっている場合もある。カヤツリグサ科は、マオウ属同様に高山荒原などの乾燥の指標植物とされてきたが、チベット南部で調査した限りでは湿潤な土壌水分条件の優占種だったし、『中国西蔵高原湿地』という書籍でも、チベットの湿地の優占種はカヤツリグサ科と記載されている。このように同じ科や属の植物であっても、種ごとに生育地の環境は異なっている。それに、花粉分析では、属を特定することはできるが、種まで識別することができない。マオウ属の多くの種は、砂漠や乾燥した礫帯に生育しているということもあり、いつしかマオウ属は花粉分析の際に乾燥の指標植物となってしまったのかもしれない。しかし、種ごとに、その生育地の土壌水分を比較すると、チベットではマオウ属もカヤツリグサ科も乾燥の指標植物とすることができない。

河口慧海《えかい》とヒマラヤ植物

河口慧海は、仏典入手のために単独でチベットに入国した初めての日本人として知られている。しかし、仏教学者としての評価だけでなく、単独旅行中のさまざまなチベットの見聞を後世に伝えたナチュラリストとしての評価も高い。特に、ヒマラヤ植物の研究に関しても多くの足跡を残している。河口慧海が書き残したものを読んでみると、現在のチベットの景観や植生との違いなどを読み解くことができる。

河口慧海のたどった道

グレート・ヒマラヤの北側を、東西に並行して流れるヤルンツァンポ川の深い渓谷は、植物の分布を南北に区切る障害にはほとんどなっていない。むしろヤルンツァンポ川流域圏を軸として、東西で比較した時に劇的な植生移行が認められ、その要因がインドモンスーンであることはよく知られている。チベットに吹きこむインドモンスーンのルートは、ヤルンツァンポ川流域圏の東西の通気道だけではない。グレート・ヒマラヤを貫く南北の通気道もある。

グレート・ヒマラヤはシノ・ヒマラヤの植物分布を南北で分断する障壁にはなっていない。グレート・ヒマラヤの所どころにある南北を貫通する大河によって形成された渓谷や峠道が通る稜線上の鞍《あん》部《ぶ》は、インドモンスーンの通気道となっている。そのため、この通気道は、植物が移動できる回廊の役割を果たしているので、チベットにもグレート・ヒマラヤの南側の温暖湿潤な環境に適応した植物が進出できる。その一つが、シッキム（インド北東部の州）とブータンにはさまれたチベットのチュンビ渓谷である。そのため、チュンビ渓谷を南下すれば、チベットの寒冷乾燥からシッキムの温暖湿潤な植生への移行を確認できるはずである。

二〇一一年八月、チュンビ渓谷へインドモンスーンに支配された植生移行の調査に出かけた。ラサ川左岸の国道三一八号線を南西へと下る。ヤルンツァンポ川を渡り、省道三〇七号線に入ると急な坂道となり、カムパ峠（崗巴拉）（四七五〇メートル）を越えるためさらに高度を上げた。初めてこの峠を越えた二〇〇六年には、タルチョがかかっているオボ（石塚）と、チベット仏教四大聖湖の一つヤムドク湖（羊卓雍錯）の瑠璃色が眼下に広がっているだけの場所だった。その後、来るたびに峠付近に駐車されている大型バスの数が増え、ラサからの日帰り観光地へと変貌していた。カムパ峠を越えてヤムドク湖西岸のナンカルツェを経て、ギャンツェ（江孜）で省道二〇四号線に入る。その後は、カンマル（康馬）からチュンビ渓谷をひたすら南下し、インド国境のヤートン（トモ）（亜東）まで行く計画を立てた。このルートは、奇しくも河口慧海が通った道だった。

チベットからシッキムへ抜けるチュンビ渓谷のルートは、古くからチベットとインドとの交易ルートとして栄えた。河口慧海も第一回チベット旅行（一八九七〜一九〇三年）で日本への帰国の折、ラサからシッキムへと向かうためにこのルートを利用した。第一回チベット旅行には、具体的な植物名こそ記載されていないが、花々の美しさや景観が詳細に記載されている。特に、景観については専門的な記載ではないが、その描写から容易に植生が想像できる。しかし、チュンビ渓谷はラサから帰国の途にあったためか、または旅行記後半部であったためか、旅行記前半のネパールなどにくらべると詳細に欠ける。それでも、チベット的な乾燥した植生から、チュンビ渓谷を南下するにつれて、少しずつ湿潤な植生へと移行していく様子が旅行記からうかがえる。

河口慧海は植物の専門家でないと断りを入れながらも、そのヒマラヤ植物の見聞は、当時としては非常に貴重なものだった。第一回チベット旅行から帰国後の明治三六（一九〇三）年一〇月に、早くも東京小石川植物園でチベット植物に関する講演を行っていることからも明らかである。河口慧海が第一回旅行を終えて、神戸に帰港したのが同じ明治三六（一九〇三）年五月であったことを考えると、当時のチベット植物に対する関心の高さがうかがえる。チベットやヒマラヤは日本とは距離的に離れていて、地勢や気候も日本とかなり異なっているが、植物相や農作物について両地域に共通するものが多いことを講演している。

二回目のチベット旅行（一九一三～一九一五年）の際には、植物学者伊藤篤太郎《いとうとくたろう》の要請を受け、チベットのシガツェとラサ間、それにラサ近郊で多数の植物を採集し、一〇〇〇点を超える植物標本を持ち帰っている。それだけでなく、理学博士石川成章《いしかわせいしょう》の依頼にも応えて、地質学標本としてヒマラヤ山中の岩石、化石なども持ち帰っている。

慧海の植物標本帳

植物調査の基本は、調査対象地のすべての植物種（植物相）と、景観を特徴づける植物の集団である植生を把握することである。いずれも、まずは植物種名を明らかにしていく種同定が必要不可欠な作業となっていく。通い慣れた地域ならば植物調査の現場で種同定していくことも可能だが、海外ともなると植物標本を研究室に持ち帰り、じっくりと腰をすえて同定作業をする必要がある。そのため立ちまわり先で必死になって植物を採集し、毎晩のように押し葉標本を作成しなくてはならない。さらに、海外での植物調査で種同定を行うためには、現地で刊行されている植物図鑑を入手することも押し葉標本を作成するのと同じくらい重要なことである。

河口慧海は植物学者とは異なる目的のため、この手間のかかる植物標本作成をチベット旅行中に行い、多くの植物標本を持ち帰っている。その理由は、伊藤篤太郎から要請があったためだけではなかった。

東北大学には河口慧海の残した"The Collection of the Indian and Himalayan Plants"（インド・ヒマラヤ植物集）と台紙に記された植物標本帳がある。この押し葉標本は第二回のチベット旅行時にインドやシッキムで採集されたもので、最後までどこにも寄贈せず河口慧海の手元にあったといわれている。仏教教典には日本には自生していない、インドを含む南アジアの植物が多数記載されている。そのため、仏教教典の研究のためには、この植物標本帳をいつも手元に置いておく必要があったのではないかと考えられている。当時は、インド、ヒマラヤ、チベットの植物図鑑などなかった時代である。そのため、自ら作成する必要があったのではないだろうか。

北西の曠原地《こうげんち》の今

河口慧海の第一回旅行記にはチュンビ渓谷のことを、「この辺は麦も小麦も何もできない、全く北西の曠原地と同じことで、牧畜しかできない土地である」と記している。しかし、現在のチュンビ渓谷は牧畜もできないほど、丘も山肌もただ砂礫のみの乾燥した高山荒原が続き、乾燥に強いアカザ属（ヒユ科）が散在しているだけだった。河口慧海の時代以降、家畜の過放牧によって、放牧もできないほどの高山荒原になってしまったようだ。その一方で、河口慧海が通ったころと明らかに異なるのは、灌漑用水が整備された場所には麦の耕作地が広がり、その周辺には高山草原や高山湿原までが成立していたことだった。人為的ではあるが、明らかに河口慧海が記載したような「北西の曠原地」ではなくなっていた。

カンマルから一〇キロほど南下した所に「辺防検査站」と書かれたチェックポイントがあり、ここで四輪駆動車を停止した。チベットを調査していると、所どころチェックポイントがあるので、そのたびにパスポート、中国政府が発行した外国人旅行証を提示しなければならない。今回のチェックポイントが、それまでのものとは明らかに重要度が異なるのは、堅固な壁が築かれていることから察しがついた。同行している中国科学院の研究者は、インド国境のヤートンまでの入境許可を取得しているので安心だという説明をしてくれていたが、このチェックポイントを通過することは許可されなかった。そのまま辺防検査站でUターンするしかなかった。政府の発行した外国人旅行証を持っているにもかかわらず、チェックポイントのゲートをくぐることは許されなかったのだ。同行している中国科学院の研究者にも理由はわからなかった。だめなものはだめ、とのことだった。理不尽に思えるが、この国で調査を続けるには、これを「ハプニング」ではなく、「エピソード」として受け入れていかなくてはやっていけない。

おかげで、河口慧海の足跡をたどる旅はギャンツェを出て、わずか一時間半で終了してしまった。河口慧海は、この辺防検査站の向こうのことを、「雪山のふもとのまばらにはえている小木のあいだに、黄、赤、紫、うすもも色など、いろいろな名も知れぬ美しい花が、毛氈《もうせん》を敷き詰めたようにはえている。私は植物学を研究しないから、そういう植物についてはいっこうに知らないのだが、非常に美しい」と記している。グレート・ヒマラヤの障壁にチベット側からクサビを打ちこんだようなチュンビ渓谷を南下し、インド・シッキムの温暖湿潤な植生にめぐりあえることを期待していた。しかし、チベットの寒冷乾燥した植生から抜け出すことはできなかった。

チベットの植物の今

地形が複雑で気候変動の激しいヒマラヤとその周辺の植物地理学的研究の多くは、比較的入域が容易なネパール、ブータンなどグレート・ヒマラヤ南側の湿潤地帯に生える植物を対象としたものが多い。一方、グレート・ヒマラヤ北側のチベットの植物も、植物の多様性から重要な研究対象であることはいうまでもない。しかし、グレート・ヒマラヤ北側に位置するチベットへの入域は南側にくらべて難しく、高山帯であるということもあり踏査が困難な地域である。

実際に踏査してみると、先人の記述どおりグレート・ヒマラヤの北側を東西に並行して流れるヤルンツァンポ川の深い渓谷は、植物の分布を南北に区切る障害にはほとんどなっていなかった。むしろ東西を軸とした時に劇的な植生移行が認められた。このような東西の劇的な植生移行は、何度か訪れたグレート・ヒマラヤ南側のネパールやブータンでは目にすることはなかった。そして地形の複雑さからか、寒冷乾燥した高山ステップや高山高原であっても、湖や河川周辺には湿潤な環境を好む植物が隔離分布していた。

一方で、チベットの自然植生もしくは潜在自然植生（人為的な撹乱が停止したあとに自然に成立する植生）は、土壌条件や地形要因で説明できるが、現植生を説明する時は人為的な撹乱が重要な要素となる。チベットで出会えた植物は家畜の食べ残したものだった。調査できた地域のほとんどで放牧が行われているため「現植生」をつくった主役は、家畜ということになる。そのためチベットの現植生は厳密には「二次植生」、つまり「人為的植生」といえる。もしも家畜による採食圧を受ける前のチベットの原植生を見たければ、家畜が行けないような場所を探し出すしかないと思えた。このことはチベットだけでなく、タイ、ベトナム、ネパールなど放牧を行っているアジア各地にもいえる。また、高山ステップや高山荒原に灌漑施設を整備し耕作地としたため、その周辺部に高山湿原や高山草原が成立していた場所もあった。

手つかずの自然と思っていたチベットも、現植生を読み解くには、自然環境だけでなく、家畜、人間活動を無視できない。渡航費を工面し、ようやくの思いでたどり着き、夢中になって調査したが、チベットの景観も日本の里山と同様に人の手によってつくり出された、今もつくり出されているものだった。今後は放牧だけでなく、大規模な土地改変などの人間活動が、植生成立の主要因となっていくことがうかがえた。

青海省シリン（西寧）とチベットのラサを結ぶ青蔵鉄道は二〇〇六年に開通した。チベットでの調査の際には、何度かこの鉄道と並走した。この鉄道は、貴重な野生生物や高山植物の生育地をなるべく避けて通っている。それだけでなく野生生物の生息地を分断しないために盛り土ではなく高架とし、野生生物が自由に往来できるように配慮したと聞いている。一方で、通称ミドリガメと呼ばれているミシシッピアカミミガメが、ポタラ宮近くの路上で売られていた。このカメは北米原産で、日本ではペットとして飼育されていたものが逸脱し、外来種として生態系への影響が懸念されていることを、売り手は知らないだろう。

チベットの人々の生活の水準や利便性をあげるためのインフラ整備や土木建築工事は必要だと思う。

反面、人間の活動によって本来の自然の鼓動が、急速にかき消されつつあることも事実だろう。

おわりに

私たちのチベット調査はこの本の刊行で一区切りとしたい。しかし、高山の自然の研究からまったく離れてしまったわけではない。その後、二人の著者は、ヒマラヤ山脈の南のネパールやブータンに通うことになった。環境や生物、また人の暮らしも、山脈の北のチベットとは似ているところもあるし、そうでないところもある。見慣れた日本の高山を見る目も少し違ってきたように思う。高山の自然については、またどこかで語る機会もあるだろう。

現地での調査と本づくりにはさまざまな方のご協力を得た。

プマユム湖の調査は二〇〇一年の東海大学・チベット大学友好学術登山隊の遠征に始まる。当初から窓口となり調整の労をとっていただいた西村弥亜さん（当時東海大学）と朱立平さん（中国科学院）には感謝の言葉もない。

湖の調査では、著者たちの職場の先輩である寺井久慈さん（当時中部大学）にずいぶんお世話になった。二人とも、寺井さんを介して参加を申し出て、初のチベット入りを果たしたのだ。現場での誠実で精力的な観測にも頭が下がる。

小寺浩二さん（法政大学）、藤井智康さん（奈良教育大学）は、それぞれ、地理学と陸水物理学の知識が必要となり、二〇〇六年の調査に参加をお願いした。異なる専門分野の研究者と現場を見ながら意見を交換するのは貴重な体験だった。林裕美子さん（てるはの森の会）には、氷河河川の水棲昆虫の調査をお願いした。彼女を介して多くの研究者から種の同定についてご助言をいただいた。いずれの方々からも未公開の観測資料も含めて成果を利用させていただき大変ありがたかった。上野薫さん、佐藤淳平さん、本田由佳子さん（ともに中部大学）には、土壌分析をお願いしただけでなく、多くの助言をいただいた。松中哲也さん、井筒康裕さん（ともに当時東海大学）には、現場での植物調査、土壌採取に協力していただいた。味岡ゆいさん、森高子さん、梅本奈美さん（ともに中部大学）には、ヒマラヤの青いケシ（ホリドゥラ種）の遺伝子解析とＧＩＳによる生育地環境評価をしていただいた。現場での観測には、地理学研究者の王君波さん（中国科学院）がたいてい同行してくれた。彼の機転で助けられたことがしばしばあった。

築地書館の橋本ひとみさんには、出版作業全般について、有益なご助言をいただいた。この本が、速やかに発刊できたのは彼女の尽力による。

すでに論文などで発表した図表については、日本陸水学会、"Biology of Inland Water" 誌の編集委員会の転載許可を得た。

調査費用の一部は、中国国家自然科学基金委員会・日本学術振興会「二国間交流事業」、名古屋女子大学などの助成を受けた。本書は、中部大学の出版助成を受けて出版したものである。

二〇一六年五月一一日

村上哲生
南　基泰

ラサ→カムパ峠→ナンカルツェ→プマユム湖→ナンカルツェ→ラサ（南）

◉2009年調査（6月20日〜7月10日）

6月25日〜30日

氷河河川および植生調査

西村弥亜、松中哲也、井筒康裕、村上哲生、南基泰、王君波

ラサ→カムパ峠→ナンカルツェ→カロー峠→ギャンツェ→ニェモ→ヤンパチェン→ラサ→ヤンパチェン→ダムシュン→ランゲン峠→ナム湖→ランゲン峠→ダムシュン→ナクチュ→ダムシュン→ヤンパチェン→ラサ（村上・南）

7月2日〜6日

ニイヤン川・パロンザン川流域河川および植生調査

西村弥亜、松中哲也、井筒康裕、村上哲生、南基泰、王君波

ラサ→コンボ・ギャムダ→ニンティ→ポミ→ニンティ→コンボ・ギャムダ→ラサ（村上・南）

◉2010年調査（8月8日〜25日）

8月13日〜22日

氷河河川および植生調査

村上哲生、南基泰、林裕美子（てるはの森の会）、王君波

ラサ→ヤンパチェン→ニェンチェンタンラ山周辺→ラサ→カムパ峠→ナンカルツェ→カロー峠周辺→ナンカルツェ→カムパ峠→ラサ（村上・南）

◉2011年調査（8月10日〜27日）

8月13日〜15日

ヤルンツァンポ川流域圏植生調査

南基泰、松中哲也、王君波

ラサ→ゴンカル→ダナン→チュスム→ギャツァ→チュスム→ダナン→ゴンカル→ラサ（南）

8月17日〜23日

チベット南部植生調査

南基泰、松中哲也、王君波

ラサ→カムパ峠→ナンカルツェ→プマユム湖→ロダク→プマユム湖→カロー峠→ギャンツェ→カンマル→ギャンツェ→カロー峠→ナンカルツェ→プマユム湖→ナンカルツェ→ヤムドク湖→カムパ峠→ラサ（南）

調査旅行行程

各年の調査隊の滞在期間とこの本で紹介した調査の内容、参加者、および旅程をまとめた。参加者の所属は調査当時のものとした。

◉2004年調査（9月1日〜23日）

9月11日〜13日

プマユム湖水収支調査

村上哲生（名古屋女子大学）、朱立平（中国科学院）

9月11日〜15日

プマユム湖水環境調査

寺井久慈（中部大学）、村上哲生、芳山陽子（中部大学）、朱立平

ラサ→ヤンパチェン→シガツェ→カロー峠→プマユム湖→カロー峠→シガツェ→ヤンパチェン→ラサ（村上）

◉2006年調査（8月5日〜25日）

8月10日〜18日

プマユム湖の物理的特性調査

藤井智康（奈良教育大学）、中山祐介（法政大学）

8月10日〜21日

セディメント・トラップ調査

西村弥亜（東海大学）、渡邊隆弘（東北大学）、松中哲也（東海大学）、井筒康裕（東海大学）

8月17日〜22日

ヤムドク湖、ナム湖一周調査

村上哲生、小寺浩二（法政大学）、清水悠太（法政大学）、王君波（中国科学院）

ラサ→カムパ峠→ナンカルツェ→プマユム湖→ナンカルツェ→ヤムドク湖→カムパ峠→ラサ→ランゲン峠→ナム湖→ランゲン峠→ラサ（村上）

8月10日〜22日

プマユム湖畔の植生調査

南基泰（中部大学）、手塚修文（名古屋文理大学）

宇宙・精神まで」44-55. JICC出版局.
塚谷裕一（1995）:「植物の〈見かけ〉はどう決まる——遺伝子解析の最前線」中央公論社.
梅本奈美他（2013）：チベット高原南東部域における*Meconopsis horridula*の分子系統地理学的解析, 生物機能開発研究所紀要, 14 :44-54.
吉田外司夫（2005）:「ヒマラヤ植物大図鑑」山と溪谷社.

◉周氷河地形

フレンチ, H. M.（小野有五訳）(1984）:「周氷河環境」古今書院.
小疇尚（1999）:「大地にみえる奇妙な模様（自然史の窓６）」岩波書店.
小疇尚研究室編（2005）:「山に学ぶ（改訂版）——歩いて観て考える山の自然」古今書院.
増沢武弘（2008）:「南アルプス——お花畑と氷河地形」静岡新聞社.

◉氷河地形

岩田修二（2011）:「氷河地形学」東京大学出版会.

◉生薬・チベット医学

八田亮三他（1997）:「信州大黄物語」武田薬品工業株式会社.
木村康一・柴田承二（1955）：大黄. 朝比奈泰彦（編）「正倉院薬物」植物文献刊行会.
岡田稔監修（2002）:「新訂原色牧野和漢薬草大圖鑑」北隆館.
小川康（2016）:「チベット、薬草の旅」森のくすり出版.
ラルフ・クィンラン・フォード（小川真弓訳）(2009）:「チベット医学の真髄」ガイアブックス.

◉河口慧海

岩津都希雄（2010）:「伊藤篤太郎——初めて植物に学名を与えた日本人」八坂書房.
東北大学総合学術博物館編（2004）:「はるかなる憧憬《あこがれ》チベット」東北大学総合学術博物館.
河口慧海（1981）:「第二回チベット旅行記」講談社.
河口慧海（長沢和俊編）(2004）:「チベット旅行記（上、下）」白水社.
奥山直司（2009）:「評伝 河口慧海」中央公論社.

◉探検記・旅行記

角幡唯介（2010）:「空白の五マイル——チベット、世界最大のツァンポー峡谷に挑む」集英社.

◉その他
鈴木牧之編撰（京山人百樹刪定　岡田武松校訂）（1936）：「北越雪譜」岩波書店.
手島良安（島田勇雄他訳註）（1987）：「和漢三才図会」平凡社.

第三章

◉植物に関する資料
秦仁昌・武素（1983）：蕨類植物門（シダ類）. 呉征鎰（編）「西蔵植物誌第一巻」1-355, 科学出版社.
中国科学院植物研究所・中国科学院長春地理研究所（1988）：「西蔵植被（チベットの植生）」科学出版社.
Li, Cui., *et al.*（2009）：Phylogeography of *Potentilla fruticosa*, an alpine shrub on the Qinghai-Tibetan Plateau（青蔵高原の高山灌木キンロウバイの分子系統地理学的解析）. *Journal of Plant Ecology* 3, 9-15.
Lin, Y. X.（1990）：Azollaceae（アカウキクサ属）, Wu, Y., Raven, H. and Hong, Y. eds. "Flora of China Vol. 3（中国植物誌第三巻）". Science Press and Missouri Botanical Garden Press.
南基泰他（2010）：シノ・ヒマラヤ地域におけるダイオウ基原植物の分子系統地理学的考察, 薬用植物研究, 32（2）, 55-68.
Minami, M. *et al.*（2010）：Survey of vascular flora around Lake Pumayum Co, an alpine lake located in the southeastern Tibetan plateau in China（中国チベット高原南東部プマユムツォ湖周辺のフロラ調査）, *Journal of Phytogeography and Taxonomy*, 58, 50-56.
Minami, M. *et al.*（2012）：Unique mixture vegetation in and around a Crescentic Lake in the Tsangpo River Basin on the Southeastern Tibetan Plateau, China（中国チベット高原南東部ヤルツァンポ流域圏の河跡湖およびその周辺部のユニークな混合植生について）. *Annual Report of Research Institute for Biological Function*, 13, 108-114.
守田益宗（2007）：プマユムツォ湖の花粉分析. 西村弥亜（編）「2004日中共同チベット・プマユムツォ湖の学術調査・研究報告書」73-109. 東海大学ヒマラヤ遠征委員会.
大場秀章（1999）：「ヒマラヤを越えた花々」岩波書店.
大園享司（2015）：「カナディアンロッキー——山岳生態学のすすめ」京都大学学術出版会.
劉亮（1985）：水毛茛属（バイカモ属）. 呉征鎰（編）「西蔵植物誌第二巻」113-114, 科学出版社.
劉務林他（2013）：「中国西蔵高原湿地」中国林業出版会.
高橋義人（1985）：ロマン主義派の進化論. 石井慎二（編）「進化論を愉しむ本——人間・

野元甚蔵（2001）:「チベット潜行1939」悠々社.
プルジェワルスキー, N. M.（加藤九祚・中野好之訳）(2004）:「黄河源流からロプ湖へ」白水社.（初出; 1967）

◉ガイド・ブック
沈以澄（1993）:「中国名湖」文匯出版社.

◉その他
吉村信吉（1937）:「湖沼学」三省堂.（改訂・増補版, 1976, 生産技術センター新社）.

第二章

◉観測資料
Hayashi, Y. *et. al.*（2013）: Physicochemical and biological features of glacier-fed rivers in Tibet, China（チベットの氷河で涵養された河川の物理・化学的、及び生物学的性状）. *Biology of Inland Water*, suppl. 2, 27-37.
村上哲生他（2007）: プマユムツォ湖の陸水学的性状. 西村弥亜（編）「2004日中共同チベット・プマユムツォ湖の学術調査・研究報告書」21-29. 東海大学ヒマラヤ遠征委員会.
Murakami, T. *et. al.*（2012）: Limnological features of glacier-fed rivers in the Sothern Tibetan Plateau, China（南チベット高原の氷河で涵養された河川の陸水学的性状）*Limnology*, 13, 301-307.

◉探検記・旅行記
江本嘉伸（1993, 1994）:「西蔵漂泊――チベットに魅せられた十人の日本人（上・下）」山と溪谷社.
ハーラー, H.（近藤等訳）(1955）:「チベットの七年」新潮社.
カッシス, V.（佐藤清郎訳）(1957）:「チベット横断記」ベースボール・マガジン社.
河口慧海（長沢和俊編）(1978）:「チベット旅行記」白水社.
キングドン-ウォード, F.（金子民雄訳）(2000）:「ツアンポー峡谷の謎」岩波書店.
中村保（2005）:「チベットのアルプス」山と溪谷社.

◉地図
Institute of Geography, Chinese Academy of Science（1990）: Terrain map of the Qinghi-Xizang Plateau（青蔵高原自然地形図）. Science Press.

参考資料

各章には、次のような観測記録や図鑑、探検記、ガイド・ブック、地図を引用した。英文の資料については、著者の責任で、日本語訳をつけた。

第一章

◉観測資料

藤井智康他（2009）：チベット・プマユムツォ湖における物理特性. 西村弥亜（編）「2006日中共同チベット・プマユムツォ湖の学術調査・研究報告書」13-24. 東海大学ヒマラヤ遠征委員会.

小寺浩二他（2009）：チベット南東域の湖沼と河川に関する比較陸水学・水文地理学的研究. 西村弥亜（編）「2006日中共同チベット・プマユムツォ湖の学術調査・研究報告書」25-33. 東海大学ヒマラヤ遠征委員会.

松中哲也他（2012）：チベット高原・プマユムツォ湖の水温躍層（20-25m）以深における一次生産の規模とその維持機構に関する検討. 陸水学雑誌, 73, 167-178.

Mitamura, O. *et. al.*（2003）：First investigation of ultraoligotrophic alpine Lake Puma Yumco in the pre-Himalayas, China（プレヒマラヤの超貧栄養の高山湖、プマユム湖の第一次調査）. *Limnology*, 4, 167-175.

Murakami, T. *et al.*（2007）：The second investigation of Lake Puma Yum Co located in the Southern Tibetan Plateau, China（チベット高原に位置するプマユム湖の第二次調査）. *Limnology*, 8, 331-335.

寺井久慈他（2007）：チベット高原プマユムツォ湖における陸水学的調査. 西村弥亜（編）「2004日中共同チベット・プマユムツォ湖の学術調査・研究報告書」13-19. 東海大学ヒマラヤ遠征委員会.

Zhu, L. *et al.*（2010）：Further discussion about the features of Lake Puma Yum Co, South Tibet, China（南チベットに位置するプマユム湖についてのさらなる議論）. *Limnology*, 11, 281-287.

◉探検記・旅行記

アレン, C.（宮持優訳）(1988)：「チベットの山――カイラス山とインド大河の源流を探る」未来社.

河口慧海（長沢和俊編）(1978)：「チベット旅行記」白水社.

河口慧海（奥山直司編）(2007)：「河口慧海日記――ヒマラヤ・チベットの旅」講談社.

キングドン-ウォード, F.（金子民雄訳）(2000)：「ツアンポー峡谷の謎」岩波書店.

ミカンス *Gentiana micans*（リンドウ科） 177
ミクロウラ *Microula tibetica*（ムラサキ科） 126, 128
メギ属 *Berberis* sp.（メギ科） 156
モクゾクマオウ *Ephedra equisetina*（マオウ科） 204
モミ *Abies spectabilis*（マツ科） 151, 152
モモ *Amygdalus mira*（バラ科） 156
ヤクヨウダイオウ *Rheum officinale*（タデ科） 201～203
ユバタ *Caragana jubata*（マメ科） 176, 178
ヨウシュチョウセンアサガオ *Datura stramonium*（ナス科） 190, 191
ヨモギ属 *Artemisia* sp.（キク科） 175, 185, 194
ロンギフロラ *Pedicularis longiflora* subsp. *tubiformis*（ゴマノハグサ科） 184, 185

◉水草・藻類

アカウキクサ（種不明）*Azolla* spp.（アカウキクサ科） 69, 153～156
オシラトリア（ユレモ）Oscillatoriaceae（ユレモ科 ; ユレモ目） 98
キクロテラ *Cyclotella* sp.（キクロテラ属 ; 中心珪藻目） 55
シャジクモ Characeae（シャジクモ科 ; シャジクモ目） 59～61
ステファノディスカス *Stephanodiscus* sp.（ステファノディスカス属 ; 中心珪藻目） 56
バイカモ *Batrachium trichophyllum*（キンポウゲ科） 153～156
パルメラ Palmellaceae（パルメラ科 ; ヨツメモ目） 98
ヒルムシロ Potamogetonaceae（ヒルムシロ科） 66
鞭毛藻類 Dinoflagellata（渦鞭毛藻目） 70

◉ベントス・魚

イトミミズ Tubificidae（イトミミズ科 ; イトミミズ目） 61, 101
オオナガレトビケラ *Himalopsyche japonica*（ナガレトビケラ科 ; 毛翅目） 100, 101
カゲロウ Ephemeroptera（蜉蝣目） 99, 111, 114
カワゲラ Plecoptera（襀翅目） 99～101, 103, 111, 114
タニノボリ Balitoridae（タニノボリ科 ; コイ目） 111, 115
トビケラ Trichoptera（毛翅目） 63, 99, 100, 111, 114
トビムシ Collembola（粘管目） 99
ユスリカ Chironomidae（ユスリカ科 ; 双翅目） 22, 61～63, 99, 101, 103
ヨコエビ *Gammarus* sp.（ヨコエビ属 ; 端脚目） 61, 73

ステレラ *Stellera chamaejasme*（ジンチョウゲ科） 174, 175
ストラミネア *Gentiana straminea*（リンドウ科） 189, 190
スピキフォルメ *Rheum spiciforme*（タデ科） 126, 127, 171, 175～177
セイタカダイオウ *Rheum nobile*（タデ科） 119, 120
セイヨウタンポポ *Taraxacum officinale*（キク科） 126
センブリ *Swertia japonica*（リンドウ科） 124
ダイオウ属 *Rheum* sp.（タデ科） 126, 171, 202
タカサゴユリ *Lilium formosanum*（ユリ科） 190
ダケカンバ *Betula ermanii*（カバノキ科） 152
タングートダイオウ *Rheum tangticum*（タデ科） 201～203
チューリップ属 *Tulipa* sp.（ユリ科） 124
チュウマオウ *Ephedra intermedia*（マオウ科） 204
チョウセンアサガオ *Datura metel*（ナス科） 191
チョウセンダイオウ *Rheum coreanum*（タデ科） 201～203
トウヒ *Picea likiangensis* var. *linzhiensis*（マツ科） 187, 188
トウヒレン *Saussurea bracteata*（キク科） 119, 120, 194
トチナイソウ属 *Androsace* sp.（サクラソウ科） 131, 145, 146, 167, 175
トリカブト属 *Aconitum* sp.（キンポウゲ科） 156, 184, 185
ノウゼンカズラ *Campsis grandiflora*（ノウゼンカズラ科） 125
ノミノツヅリ属 *Arenaria* sp.（ナデシコ科） 131, 145, 146
ハイマツ *Pinus pumila*（マツ科） 186, 187
パキプレウルム *Pachypleurum nyalamense*（セリ科） 126, 127
ハネガヤ属 *Stipa* sp.（イネ科） 185
ハリイ属 *Eleocharis* sp.（カヤツリグサ科） 145, 185
ハルリンドウ *Gentiana thunbergii*（リンドウ科） 122, 123
バンウコン *Kaempferia galanga*（ショウガ科） 126, 128
ヒゲハリスゲ *Kobresia pygmaea*（カヤツリグサ科） 142～145, 163, 165, 178, 180, 185, 208
ビコロル *Caragana bicolor*（マメ科） 147, 148
ヒスピディカリックス *Swertia hispidicalyx*（リンドウ科） 124, 125
ヒマラヤヌム *Leontopodium himalayanum*（キク科） 130, 131
フクジュソウ *Adonis ramosa*（キンポウゲ科） 124
プシラ *Parnassia pussilla*（ニシキギ科） 121, 123, 163
ブレヴィフォリア *Artemisia brevifolia*（キク科） 186
フロミス *Phlomis rotata*（シソ科） 126, 128, 145
ホザキナナカマド *Sorbaria arborea*（バラ科） 156
ホリドゥラ *Meconopsis horridula*（ケシ科） 120, 122, 135～138, 175, 176, 185
マオウ属 *Ephedra* sp.（マオウ科） 204, 205, 207

生物名索引

◉陸上植物（分類はAPG植物分類体系にしがたう）

アカザ属 *Chenopodium* sp.（ヒユ科） 212
アキフォリオイデス *Quercus aquifolioides*（ブナ科） 152
アヤメ属 *Iris* sp.（アヤメ科） 153
アレクサンドラエ *Rheum alexandrae*（タデ科） 120, 121
イソフィラ *Saxifraga isophylla*（ユキノシタ科） 163
イブキトラノオ属 *Bistorta* sp.（タデ科） 162
イラクサ *Urtica hyperborea*（イラクサ科） 184, 185
イワベンケイ属 *Rhodiola* sp.（ベンケイソウ科） 176, 196, 197
インカルヴィレア *Incarvillea younghusbandii*（ノウゼンカズラ科） 125, 127
ウスユキソウ属 *Leontopodium* sp.（キク科） 128, 129, 162
ウメバチソウ *Parnassia palustris*（ニシキギ科） 121
ウルヌラ *Gentiana urnula*（リンドウ科） 198
エリオフィトン *Eriophyton wallichii*（シソ科） 130
オオヒエンソウ属 *Delphinium* sp.（キンポウゲ科） 160
オタネニンジン *Panax ginseng*（ウコギ科） 193
オノスマ *Onosma waddellii*（ムラサキ科） 148
カバノキ *Betula utilis*（カバノキ科） 152
ギルヴォストリアタ *Gentiana gilvostriata*（リンドウ科） 126, 127, 194
キンロウバイ *Potentilla fruticosa*（バラ科） 134, 175
クラッスロイデス *Gentiana crassuloides*（リンドウ科） 122, 123, 167
クリプトスラディア *Cryptothladia polyphylla*（モリナ科） 175, 184, 185
クレマントディウム *Cremanthodium ellisii*（キク科） 160
ケイランティフォリア *Pedicularis cheilanthifolia*（ゴマノハグサ科） 177
ゲラルディアナ *Ephedra gerardiana*（マオウ科） 175, 205, 206
サウンデルシアナ *Potentilla saundersiana*（バラ科） 124, 125
サクサティリィス *Ephedra saxatilis*（マオウ科） 204, 205, 207
サクラソウ属 *Primula* sp.（サクラソウ科） 153
シナマオウ *Ephedra sinica*（マオウ科） 204
ショウヨウダイオウ *Rheum palmatum*（タデ科） 200〜203
シンシュウダイオウ *Rheum coreanum* X *R. palmatum*（タデ科） 202
スゲ属 *Carex* sp.（カヤツリグサ科） 145〜148, 185, 205

〜171, 205, 206
ヒマラヤ山脈　Himalaya Mountains（Himalaya Range）　喜馬拉雅山脈　(2)　3, 24, 28, 73, 81, 118, 119, 126, 138, 150, 151, 158, 171, 188, 191, 209, 211, 214
ミ峠（ミ・ラ）　Mi La　米拉　5,013m　(1)　110, 122, 151
ランゲン峠（ランゲン・ラ）　Laken La　那根拉　5,190m　(1)　70, 71

◉河川・湖沼名

コンガク川　Konga Qu River　孔曲　30, 31, 35

サルウィン川＊（ヌー川）　Nu Jiang River　怒江　（2）　118

ジドク川　Jid Qu River　加曲　（1）　30, 31〜35, 45, 57

チュンビ渓谷　Chumbi Valley　（1）　209, 210, 212

ナム湖（ナムツォ）　Nam Co　納木錯　（1, 2）　24, 63〜65, 70〜73, 75, 76, 88

ニイヤン川　Nyang Qu River　尼洋曲　（1）　150, 151, 153, 154, 157

ニャンチュ川　Myang Chu River　年楚河　（1）　105, 106, 109

パロンザン川　Palong Zangbo River　帕隆蔵布川　（1）　108, 110, 112, 179

プマユム湖（プーマ・ユムツォ）　Puma Yum Co　普莫雍錯　（1, 2）　25, 27, 29〜31, 33, 35, 36〜39, 41〜47, 50, 51, 53, 55, 56〜62, 64, 65, 69, 75, 76, 88, 123, 125, 127〜129, 131, 135, 142〜144, 146〜149, 160, 161, 164, 166, 167, 182〜186, 188, 189

マナサロワール湖（マパム・ユムツォ）　Mapam Yum Co　瑪旁雍錯　（2）　21

ヤムドク湖（ヤムドク・ユムツォ）　Yamzbo Yum Co　羊卓（桌）雍錯　（1）　21〜23, 64〜69, 75, 76, 88, 184

ヤルンツァンポ川（ツァンポ峡谷、大屈曲地帯）　Yarlung Zangbo River　雅魯蔵布江　（1, 2）　21, 27, 75, 80, 82, 84, 88, 105, 107, 110, 113, 118, 148, 150, 151, 157, 158, 209, 214

ラサ川（キチュ川）　Lhasa River　拉薩河　（1）　82, 105, 110, 209

ロンドゥオ川　Rongduo River　栄多川　30

◉山・峠名

横断山脈　Hengduan Mountains　横断山脈　（2）　118, 120, 191, 194

カイラス山　Mount Kangrinboqe　岡仁波斉峰　6,638m　（2）　21

カムパ峠（カムパ・ラ）　Kambala La　崗巴拉　4,750m　（1）　21, 128, 209

カルクサン山　Mount Kaluxung　姜桑拉姆峰　6,679m　（1）　127, 131, 172〜174, 177, 196

カロー峠（カロー・ラ）　Kârê La　卡惹拉　5,045m　（1）　27, 69, 89, 91, 169〜171, 205, 206

クーラカンリ山　Mount Cilha Kangri　庫拉崗日峰　7,538m　（1, 2）　28

クンモガンゼ山　Mount Qungmoganze　窮母崗峰　7,048m　（1）　87, 88

チョモラリー山（エベレスト山）　Mount Qumolangma　珠穆朗瑪峰　8,845m　（2）　151

トランス・ヒマラヤ山脈　Gangdise Mountains（Trans-Himalayas）　岡底斯山脈　（2）　118, 150

ニェンチェンタンラ山　Mount Nyainquetanglha　念青唐古拉峰　7,162m　（1）　70, 72〜74, 87, 88, 118, 134, 135, 178

ノジンカンツァン山　Mount Nojinkangsang　寧金抗沙峰　7,191m　（1）　88, 89, 91, 92, 169

地名索引

見出しは本書で採用した地名。カタカナ表記は、原則として『地球の歩き方・チベット』（ダイヤモンド・ビッグ社）にしたがったが、私たちの論文や報告書ですでに異なる名称を使っているものはそちらを優先した。アルファベットと漢字表記は、“Terrain map of the Qinghai-Xizang Plateau”（科学出版社）にそれぞれならった。

＊印は、私たちが行けなかった場所だが、本書で言及している地名につけた。

（　）内の数字は地名が載っている地図（16〜19 ページ）の番号を示す。

◉都市名

カンマル　Kangmar　康馬　(1)　210, 213
ギャツァ　Gyaca　加査　(1)　119, 130, 204, 205, 207
ギャンツェ　Gyangzê　江孜　(1)　105, 106, 136, 168, 210
ゴルムド＊　Golmud　格爾木　(2)　74
ゴンカル（ラサ・ゴンカル空港）　Gonggar　貢嘎　(1)　82, 159
コンポ・ギャムダ　Gongbo'gyamda　工布江達　(1)　151
サンリ　Sangri　桑日　(1)　190
シガツェ　Xigazê　日喀則　(1)　27, 74
シッキム＊　Sikkim　錫金　(2)　209, 210, 212
シリン＊　Xining　西寧　(2)　74, 215
ダナン　Zhanang　扎嚢　(1)　147〜149
ダムシュン　Damxing　当雄　(1)　70, 127, 135, 136, 198, 205, 206
チュスム　Qusum　曲松　(1)　190
ナクチュ　Nagqu　那曲　(1)　149, 201, 202
ナンカルツェ　Nagarzê　浪卡子　(1)　65, 67, 130, 135, 136, 170, 173, 174, 177, 184, 210
ニェモ　Nyêmo　尼木　(1)　131, 136, 179, 180
ニンティ　Nyingchi　林芝　(1)　110, 144, 151〜154, 157, 187, 188
ポミ　Bomi　波密　(1)　69, 84, 111, 151
メド・グンカル　Maizhokunggar　墨竹工卡　(1)　136
ヤートン＊（トモ）　Yadong　亜東　(1, 2)　210, 213
ヤンパチェン　Yangbajain　羊八井　(1)
ラサ　Lhasa　拉薩　(1, 2)　21, 25, 26, 74, 82, 84, 106, 108, 110, 148, 151, 189, 193, 215
ロダク　Lhozbag　洛扎　(1)　149, 160

◉マ行

◉ヤ行

◉ラ行

◉ワ行

◉タ行

◉ナ行

◉ハ行

事項索引

著者紹介

村上哲生（むらかみ・てつお）

1950年熊本県生まれ。愛知県犬山市在住。

熊本大学理学部生物学科卒業、博士（理学）。

名古屋市水道局、名古屋市環境科学研究所、名古屋女子大学を経て、現在中部大学応用生物学部環境生物科学科教授。

専門は陸水学（川や湖に関する科学）。

高山の陸水学とともに、ダムや河口堰などの構築物が河川環境に及ぼす影響にも興味をもっている。また学童を対象とした水辺での環境教育の仕事も近年多くなった。

著書に『ダム湖の中で起こること――ダム問題の議論のために』（地人書館、2013）、『川と湖を見る・知る・探る――陸水学入門』（共著；地人書館、2011）、『身近な水の環境科学――源流から干潟まで』（共著；朝倉書店、2010）、『ダム湖・ダム河川の生態系と管理――日本における特性・動態・評価』（共著；名古屋大学出版会、2010）、『河口堰』（共著；講談社、2000）、訳書『ダム湖の陸水学』（共訳；生物研究社、2004）など。

南　基泰（みなみ・もとやす）

1964年福井県生まれ。愛知県春日井市在住。

近畿大学大学院博士後期課程農学専攻満期退学、博士（農学）。

厚生労働省国立医薬品食品衛生研究所筑波薬用植物栽培試験場流動研究員、農林水産省野菜茶業試験場重点支援研究員を経て、現在中部大学応用生物学部環境生物科学科教授。

専門は分子生態学。

薬用植物を中心とした高山帯や寒冷地に生育する植物の分子系統地理学を研究している。

最近では、植物だけでなく、動物、昆虫についても研究対象としている。

著書に『根の事典』（共著；朝倉書店、1998）、『恵那からの花綴り』（風媒社、2010）、『環境生物学序論』（編著；風媒社、2013）、『樹の力』（The power of trees、グレッチェン. C. デイリー著、編訳；風媒社、2014）、『ESD――自然に学び大地と生きる』（編著；風媒社、2014）など。

チベット高原の不思議な自然

2016年8月10日　初版発行

著者　村上哲生＋南　基泰
発行者　土井二郎
発行所　築地書館株式会社
東京都中央区築地7-4-4-201　〒104-0045
TEL 03-3542-3731　FAX 03-3541-5799
http://www.tsukiji-shokan.co.jp/
振替 00110-5-19057
印刷・製本　中央精版印刷株式会社
装丁　吉野愛

　ISBN978-4-8067-1518-4